我爱读经典

U0261775

二十四节气故事

杨 霞 编写

北方联合出版传媒（集团）股份有限公司
辽宁少年儿童出版社
沈阳

© 杨 霞 2022

图书在版编目（CIP）数据

二十四节气故事 / 杨霞编写. —沈阳：辽宁少年儿童
出版社，2022.6（2025.3 重印）
　（我爱读经典）
　ISBN 978-7-5315-8990-7

　Ⅰ.①二… Ⅱ.①杨… Ⅲ.①二十四节气—少儿读物
Ⅳ.①P462-49

　中国版本图书馆CIP数据核字（2022）第036307号

出版发行：北方联合出版传媒（集团）股份有限公司
　　　　　辽宁少年儿童出版社
出 版 人：胡运江
地　　址：沈阳市和平区十一纬路25号
邮　　编：110003
发行部电话：024-23284265　23284261
总编室电话：024-23284269
E-mail:lnsecbs@163.com
http://www.lnse.com
承 印 厂：辽宁新华印务有限公司

责任编辑：陈　鸣　朱艳菊
责任校对：李　婉
封面设计：精一绘阅坊
版式设计：精一绘阅坊
责任印制：孙大鹏

幅面尺寸：168mm×240mm
印　　张：12.5　　　　字数：255千字
出版时间：2022年6月第1版
印刷时间：2025年3月第5次印刷
标准书号：ISBN 978-7-5315-8990-7
定　　价：35.00元

版权所有　侵权必究

写在前面的话

亲爱的小朋友，你知道吗？书籍是这个世界上最有价值的营养品。从某种角度说，甚至比牛奶和鸡蛋还重要。因为，食物只能强壮你的身体，却不能武装你的大脑，更不能增长你的见识，开阔你的眼界，而书籍却能带给你这些，甚至更多。

正如莎士比亚所说："生活里没有书籍，就好像没有阳光；智慧里没有书籍，就好像鸟儿没有翅膀。"一本好书，就是我们冲破黑暗、照亮前程的光束，更是我们超越平庸、实现理想的翅膀。

那么，什么样的书才称得上是好书呢？通常认为，那些适合自己阅读，能给人生带来启发和思考，具有经典传承性的作品，某种意义上都属于好书。

比如，我们为大家精心准备的这套《我爱读经典》就是这样的好书。它不但具备了以上所有特色，更重要的是，它是以语文新课程标准作为基础，专门为学前及小学低年级学生打造的拓展阅读系列产品。读了这套书，不但能够积累知识，提升语文素养，更能帮助小学生修身立德，树立正确的世界观、人生观、价值观。

你一定以为，这样的书，会很枯燥吧？恰恰相反，这里的每一个故事都超级有趣，每一幅插图都会强烈吸引你的目光。最好玩的是，我们在每个故事的结尾，都为大家精心设计了闯关游戏，让大家可以在阅读的过程中轻松抓住故事重点，从而体验到阅读经典故事的乐趣。

怎么样，感兴趣吗？那还等什么，赶快翻开我们的书，在经典故事的海洋中恣意遨游吧！

目录

节令歌

打春阳气转，雨水沿河边。

惊蛰乌鸦叫，春分沥皮干。

清明忙种麦，谷雨种大田。

立夏鹅毛住，小满雀来全。

芒种五月节，夏至不纳棉。

小暑不算热，大暑三伏天。

立秋忙打靛，处暑动刀镰。

白露烟上架，秋分无生田。

寒露不算冷，霜降变了天。

立冬交十月，小雪地封严。

大雪河叉上，冬至不行船。

小寒进腊月，大寒又一年。

编者

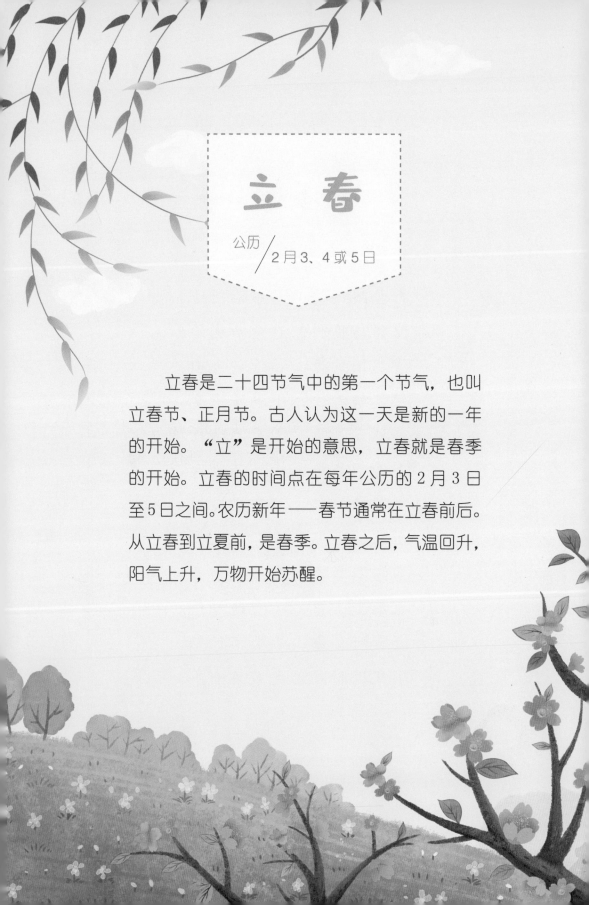

立 春

公历 / 2月3、4或5日

立春是二十四节气中的第一个节气，也叫立春节、正月节。古人认为这一天是新的一年的开始。"立"是开始的意思，立春就是春季的开始。立春的时间点在每年公历的2月3日至5日之间。农历新年——春节通常在立春前后。从立春到立夏前，是春季。立春之后，气温回升，阳气上升，万物开始苏醒。

　　立春节气期间，黄河中下游地区天气开始转暖，但在北方的黑龙江、吉林等地，仍然是冰天雪地的景象，而在长江流域以南，在冬天也是很少见到冰和雪的。

　　古人把立春节气的十五天分为三候：一候东风解冻，二候蛰（zhé）虫始振，三候鱼陟（zhì）负冰。一候东风解冻：寒冷的冬天过去了，东风开始送暖，大地表面的冰和雪开始融化。二候蛰虫始振：立春五日后，蛰居的虫类感受到暖意，在洞中不时扭动一下身体，就要苏醒过来了。三候鱼陟负冰：再过五日，河里的水不再寒冷，鱼儿开始游动，这时河面上的冰还没有完全融化，如同被鱼背着一般浮在水面。

春神句芒
chūn shén gōu máng

微信扫码
配套音频 趣味动画
写作指导 名著导读

很早以前，在立春
hěn zǎo yǐ qián　　zài lì chūn

这一天，天子要率领
zhè yì tiān　　tiān zǐ yào shuài lǐng

三公九卿诸侯大夫，
sān gōng jiǔ qīng zhū hóu dà fū

到都城的东郊举行隆
dào dū chéng de dōng jiāo jǔ xíng lóng

重的迎春祭祀活动，祭祀
zhòng de yíng chūn jì sì huó dòng　　jì sì

春神句芒，祈求风调雨顺，农业丰收。
chūn shén gōu máng　　qí qiú fēng tiáo yǔ shùn　　nóng yè fēng shōu

句芒是我国古代神话传说中的春神，
gōu máng shì wǒ guó gǔ dài shén huà chuán shuō zhōng de chūn shén

也叫木神、芒神，主管春天万物的生长，神
yě jiào mù shén　　máng shén　　zhǔ guǎn chūn tiān wàn wù de shēng zhǎng　　shén

树扶桑就归句芒管。句芒长着人的脸，鸟的
shù fú sāng jiù guī gōu máng guǎn　　gōu máng zhǎng zhe rén de liǎn　　niǎo de

身体，穿着素
shēn tǐ　　chuān zhe sù

色衣服，乘着
sè yī fu　　chéng zhe

两条龙在天上
liǎng tiáo lóng zài tiān shàng

飞来飞去，督
fēi lái fēi qù　　dū

促人们按时耕
cù rén men àn shí gēng

作，保佑农作
zuò　　bǎo yòu nóng zuò

wù fēng shōu
物丰收。

yǒu yì nián lì chūn rì　　nóng mín zhǔn bèi hǎo le nóng jù zhǔn bèi
有一年立春日，农民准备好了农具准备

gēng zhòng　　què zhǎo bú dào gēng tián de niú le　　gōu máng dài lǐng rén men
耕种，却找不到耕田的牛了。句芒带领人们

sì chù xún zhǎo　　zuì hòu zài shān dòng li zhǎo dào le réng zài dǎ kē shuì
四处寻找，最后在山洞里找到了仍在打瞌睡

de gēng niú　　gōu máng hěn shēng qì　　ná qǐ biān zi shǐ jìn er dǎ le
的耕牛。句芒很生气，拿起鞭子使劲儿打了

gēng niú sān xià　　zài gēng niú shēn shang cáng le yí gè dōng tiān de lǎn
耕牛三下，在耕牛身上藏了一个冬天的懒

duò bèi dǎ pǎo　　gēng niú jiù qín kuai de xià tián gēng dì le　　cóng nà
惰被打跑，耕牛就勤快地下田耕地了。从那

yǐ hòu　　jiù liú xià le zài lì chūn rì biān dǎ tǔ niú de xí sú
以后，就留下了在立春日鞭打土牛的习俗，

yīn wèi zhè ge xí sú　　lì chūn yě jiào dǎ chūn
因为这个习俗，立春也叫打春。

阅读勇闯关

请将正确答案前的字母填到（　　）内。

第 1 关：

立春是二十四节气中的第几个节气？（　　）

A. 第一个　B. 第二个　C. 第三个

第 2 关：

下述哪句描述是立春的三候之一？（　　）

A. 草木萌动　B. 雷乃发声　C. 蛰虫始振

lì chūn ǒu chéng
立春偶成

〔宋〕张 栻

lù huí suì wǎn bīng shuāng shǎo
律回岁晚冰霜少，

chūn dào rén jiān cǎo mù zhī
春到人间草木知。

biàn jué yǎn qián shēng yì mǎn
便觉眼前生意满，

dōng fēng chuī shuǐ lù cēn cī
东风吹水绿参差。

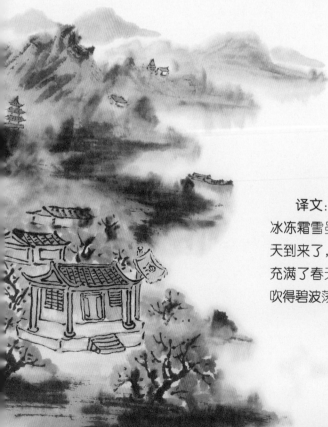

译文：立春了，天气渐渐转暖，冰冻霜雪虽然还有，但已很少了。春天到来了，草木都知道。眼前的景色充满了春天的生机。一阵东风吹来，吹得碧波荡漾。

减字木兰花·立春

〔宋〕苏 轼

春牛春杖，无限春风来海上。
便丐春工，染得桃红似肉红。
春幡春胜，一阵春风吹酒醒。
不似天涯，卷起杨花似雪花。

译文：牵着泥塑春牛，拉起泥塑春杖，春风无限，从海上吹来。于是请来春神的神功，把桃花染得像肉色一样红。

剪春幡，戴春胜，一阵春风，吹我酒醒。此地不像海角天涯，春风卷起的杨花，颇似雪花。

民
间
习
俗

① 迎春神，打春牛

在古代，立春日民间要举行隆重的迎春仪式。在立春的前一天，地方官沐浴更衣，步行到郊外，聚集乡民，摆桌上供，烧香磕头，并在供桌前做一个象征春牛的土牛，让人扮作象征丰收的句芒神举鞭去打，意思是打去春牛的懒惰，迎来一年的丰收。

刚开始是用泥土做土牛，把土牛打碎后，人们争着把碎土块抱回家，扔在自家田地里和牲畜圈里，说是这样做田地就会丰收，牲畜就会繁衍兴旺。后来，泥土做的土牛变成了用纸糊的纸牛，里面装着五谷，仍然叫句芒神举鞭狠打。牛倒了，纸破了，五谷四下流，象征着这一年五谷丰登。

②咬春

北方一些地方立春日要吃萝卜，吃春饼，叫作"咬春"。还有的地方吃生菜，吃五辛盘。生菜就是我们常吃的韭菜。五辛盘由五种辛辣食物组成，作为就餐的调味品。而在南方，人们在立春之日要吃春卷。

③戴春胜

胜，是古时人们戴在头上的饰物，可用多种材料制成，其中纸制最为常见。唐宋时盛行制春幡。春幡是长条形，如凤凰展翅，用乌金纸或布帛制成燕子、鸡、柳枝、花卉、蝴蝶等样式，男女老少戴在头上，据说可以避凶邪、求吉利。

雨 水

公历 / 2 月 18、19 或 20 日

　　雨水节气的时间点在每年公历的 2 月 18 日至 20 日之间。这时气温开始回升，冰雪融化，降雨开始增多。人们能明显感到春回大地，沁人的气息激励着身心。雨水和谷雨、小雪、大雪一样，都是反映降水情况的节气。雨水节气后，气温回升较快，但冷空气却不甘示弱，与暖空气进行着较量，天气会乍暖还寒，起伏较大，所以不能急于脱掉棉衣，还要"春捂"一段时间，以预防感冒。

　　黄河流域，雨水之前天气寒冷，常见雪花纷飞。雨水之后气温一般可升至 0℃以上，下雪渐少而下雨渐多。可是在气候温暖的南方，此时已是桃李含苞、樱桃花开的春天景象了。

　　我国古代把雨水分为三候：一候獭（tǎ）祭鱼，二候鸿雁来，三候草木萌动。一候獭祭鱼：雨水节气的第一个五天，水面的冰层融化，水獭开始捕鱼了，将捕来的鱼一条一条摆在岸边，好似祭祀上天一般（其实是水獭捕来的鱼太多吃不完）。二候鸿雁来：五天后，候鸟大雁开始从南方飞回北方。三候草木萌动：再过五天，在"润物细无声"的春雨中，草木开始抽出嫩芽，大地渐渐呈现出一派欣欣向荣的景象。

浪子借棉袄

从前，有一个浪子，不好好种田，把家业败光后，只好向亲戚借贷。

正月初一这一天，浪子名为上门给舅舅拜年，实际上是为了借舅舅的棉袄去当。一看舅舅把棉袄穿在身上，天气又很冷，就没好意思开口。

好不容易等到二月份，浪子心想舅舅这时可能不会穿棉袄了，就来到舅舅家。舅舅一听说他要借棉袄，就说："二月初七八，冻死鸡和鸭。"浪子一听，只得走了。

到了三月份，天气逐渐转暖。浪子心想舅舅这时可能不会穿棉袄了，又来到舅舅家借棉袄。舅舅说："三月三，冻死单身汉。"浪子知道舅舅是个单身汉，一听这话，只得走了。

dào le sì yuè fèn tiān qì gèng nuǎn
到了四月份，天气更暖
huo le làng zǐ yòu lái dào jiù jiu
和了。浪子又来到舅舅
jiā jiù jiu jiàn tā hái shi yào jiè
家。舅舅见他还是要借
mián ǎo jiù shuō sì yuè
棉袄，就说："四月
èr shí dòng duàn shù zhī
二十，冻断树枝。"
làng zǐ zhī dào jiè mián ǎo yòu méi
浪子知道借棉袄又没
mén er zhǐ dé zǒu le
门儿，只得走了。

jiù zhè yàng làng zǐ měi gè yuè dōu lái
就这样，浪子每个月都来
gēn jiù jiu jiè mián ǎo jiù jiu dōu méi jiè gěi tā zuì hòu jiù jiu
跟舅舅借棉袄，舅舅都没借给他，最后舅舅
shuō nǐ jiù bú yào dǎ wǒ zhè jiàn mián ǎo de zhǔ yi le nǐ
说："你就不要打我这件棉袄的主意了，你
hái shi hǎo hǎo zhòng tián zì jǐ yǎng huo zì jǐ ba
还是好好种田，自己养活自己吧。"
zhè zé gù shi jiǎng shù de qí shí shì jié qì qí zhōng èr yuè
这则故事讲述的其实是节气。其中"二月
chū qī bā dòng sǐ jī hé yā jiǎng de shì yǔ shuǐ jié qì qián hòu
初七八，冻死鸡和鸭"讲的是雨水节气前后，
tiān qì zhà nuǎn huán hán de tè diǎn
天气乍暖还寒的特点。

阅读勇闯关

请将正确答案前的字母填到（　　）内。

第 3 关：

雨水节气的时间点是（　　）

A. 每年公历 2 月 16—18 日之间

B. 每年公历 2 月 18—20 日之间

C. 每年公历 2 月 20—22 日之间

第 4 关：

浪子去了几次舅舅家借棉袄？（　　）

A.3 次　　B.9 次　　C.12 次

诗歌里的节气

春夜喜雨 chūn yè xǐ yǔ

〔唐〕杜 甫

好雨知时节，当春乃发生。
hǎo yǔ zhī shí jié　dāng chūn nǎi fā shēng

随风潜入夜，润物细无声。
suí fēng qián rù yè　rùn wù xì wú shēng

译文：好雨似乎会挑选时辰，降临在万物萌生的春天。伴随着暖风，悄悄进入夜幕，细密无声地滋润着大地万物。

早春呈水部张十八员外
zǎo chūn chéng shuǐ bù zhāng shí bā yuán wài

〔唐〕韩 愈

tiān jiē xiǎo yǔ rùn rú sū
天 街 小 雨 润 如 酥，

cǎo sè yáo kàn jìn què wú
草 色 遥 看 近 却 无。

zuì shì yì nián chūn hǎo chù
最 是 一 年 春 好 处，

jué shèng yān liǔ mǎn huáng dū
绝 胜 烟 柳 满 皇 都。

译文：京城大道上细雨纷纷，它像酥油般细密而滋润，远望草色依稀连成一片，近看时却显得稀疏零落。这是一年中最美的季节，远胜过满城绿柳如烟时（柳叶刚刚萌发时是淡绿色，远看就像一团烟雾）。

015

1 拉保保

四川西部，有在雨水这一天拜干爹的习俗，叫拉保保。在雨水这一天举行，是取"雨露滋润易生长"的意思。这天不管天晴还是下雨，想让孩子拜干爹的父母，手提装好酒菜、香蜡的箢篼，带着孩子在人群中穿来穿去寻找准干爹对象。如果希望孩子长大有知识就拉一个读书人做干爹；如果孩子身体瘦弱就拉一个身材高大强壮的人做干爹。找到合适的干爹后，就摆好带来的酒菜，焚香点蜡，叫孩子"拜干爹"，并请"干亲家"给娃娃取个名字，拉保保就算成功了。以后常年走动的称为"常年干亲家"；也有分手后就没有来往的，叫"过路干亲家"。

② 雨水节回娘屋

在四川西部一些地方，雨水这天，出嫁的女儿要回娘家给父母送节。女儿、女婿送给岳父、岳母的礼品通常是两把藤椅，上面缠着一丈二尺长的红带，这叫作"接寿"，意思是祝岳父、岳母长命百岁。送节的另一种礼品是"罐罐肉"：用砂锅炖好猪脚、雪山大豆和海带，再用红纸、红绳封了罐口，给岳父、岳母送去。这是对辛辛苦苦将女儿养育成人的岳父、岳母表示感谢和敬意。如果是新婚女婿送节，岳父、岳母还要回赠雨伞，让女婿出门奔波时能遮风挡雨，也祝愿女婿人生旅途顺利平安。

惊蛰

公历／3月5、6或7日

惊蛰节气，在公历每年的3月5日至7日之间。"蛰"的意思是动物冬眠，藏在土里不吃也不动。古人认为，这个时候，春雷震响，惊醒了冬眠的动物，蛇、蛙、蚯蚓、蚂蚁等开始爬出来活动，所以把这个节气称为"惊蛰"。实际上，冬眠动物是听不到雷声的，大地回春，土地变暖，才是它们从冬眠中苏醒的原因。惊蛰时节气温回升，雨水增多。农谚说："春雷响，万物长。""到了惊蛰节，锄头不停歇。"惊蛰节气是春耕开始的时节。

春天的天气乍寒乍暖，高空冷热空气激烈交锋，因而产生惊雷。中国各地第一次响春雷的时间有早有迟。云南南部在每年 1 月底就能听到春雷；北京的初雷日在每年的 4 月下旬。东北和西北地区在惊蛰时仍是银装素裹的冬日景象。

　　惊蛰三候：一候桃始华，二候仓庚鸣，三候鹰化为鸠（jiū，布谷鸟）。一候桃始华：桃花盛开，桃红柳绿的春景到来了。二候仓庚鸣：仓庚就是黄鹂，黄鹂开始鸣唱求偶。三候鹰化为鸠：鹰开始躲起来繁育后代，而原本蛰伏的鸠开始鸣叫求偶。（古人没有看到鹰的后代，而周围的鸠一下子多起来，就误以为是鹰变成了鸠。）

惊蛰日吃梨的由来

微信扫码
配套音频 趣味动画
写作指导 名著导读

山西中部祁县流传着一个故事。闻名海内的晋商渠家先祖渠济是山西东南上党郡长子县人，明朝洪武初年，渠济带着渠信、渠义两个儿子，把上党郡产的梨和潞麻贩卖到祁县，再把祁县产的粗布和红枣贩卖到上党。天长日久，辛苦经营，渐渐有了积蓄，成了远近闻名的商家。后来全家迁移到祁县县城定居下来。

清朝雍正年间，渠家第十四代子孙渠百川第一次走西口（走出山西到内蒙古做生意）那天，正是惊蛰之日，他的父亲拿出梨让他吃，然后对他说："渠家先祖最早靠贩卖梨创下家业，历经了各种艰辛，最后定居祁县。今日惊蛰你要走西口，吃梨是让你不忘先祖，努力创业，光宗耀祖。"后来，渠百川走西口经商致富，将开设的店铺取名

wéi "长源厚",
tā de jīng shāng gù shi
他的经商故事
yě liú chuán kāi lái
也流传开来。
dāng dì xǔ duō jīng shāng
当地许多经商
de nián qīng rén xiào fǎng
的年轻人效仿
qú bǎi chuān zǒu xī
渠百川，走西

kǒu lí jiā shí yào chī lí biǎo shì lí jiā chuàng yè de yì
口离家时要吃梨，表示"离家创业"的意
si zài hòu lái qí xiàn jiù yǒu le jīng zhé rì chī lí de xí
思。再后来，祁县就有了惊蛰日吃梨的习
sú biǎo dá nǔ lì guāng zōng yào zǔ de yuàn wàng
俗，表达"努力光宗耀祖"的愿望。

阅读勇闯关

请将正确答案前的字母填到（　　）内。

第5关：

惊蛰是二十四节气中的第几个节气？（　　）

A.3　　B.5　　C.8

第6关：

祁县许多经商的年轻人走西口离家时要吃梨，
表示什么意思？（　　）

A.离开家乡　B.离别之情　C.离家创业

拟 古
nǐ   gǔ

〔晋〕陶渊明

zhòng chūn gòu shí yǔ　　shǐ léi fā dōng yú
仲春遘时雨，始雷发东隅。

zhòng zhé gè qián hài　　cǎo mù zòng héng shū
众蛰各潜骇，草木纵横舒。

piān piān xīn lái yàn　　shuāng shuāng rù wǒ lú
翩翩新来燕，双双入我庐。

xiān cháo gù shàng zài　　xiāng jiāng huán jiù jū
先巢故尚在，相将还旧居。

译文：仲春二月，下起了及时雨。第一声春雷，从东方响起。各种冬眠的虫，都被春雷惊醒。沾了春雨的草木，枝枝叶叶纵横舒展。一对刚刚到来的燕子，飞进我的屋里。房梁上旧巢还在，这对燕子欢欢喜喜地回到了旧巢，住了下来。

观 田 家
guān tián jiā

〔唐〕韦应物

微雨众卉新，一雷惊蛰始。
wēi yǔ zhòng huì xīn　yì léi jīng zhé shǐ

田家几日闲，耕种从此起。
tián jiā jǐ rì xián　gēng zhòng cóng cǐ qǐ

丁壮俱在野，场圃亦就理。
dīng zhuàng jù zài yě　cháng pǔ yì jiù lǐ

译文：春雨过后，所有的花草都焕然一新。一声春雷，蛰伏在土壤中冬眠的动物都被惊醒了。农民没过几天悠闲的日子，春耕就开始了。健壮的青年都到田地里干活，留在家里的女人、小孩就把家门口的菜园子收拾好，准备种菜了。

1 炒虫

惊蛰之后，百虫从泥土、洞穴中出来，逐渐遍布田园、家中，或祸害庄稼，或滋扰生活。因此惊蛰期间，各地民间有除虫的仪式。陕西人会在这天炒黄豆，江苏瓜洲人炒糯米。

广东梅州大埔等地，惊蛰日，各家各户炒黄豆或麦粒，炒完再舂，舂后又炒，反复多次，边做边说："炒

炒炒，炒去黄蚁爪；舂舂舂，舂死黄蚁公。"这是因为，当地有一种黄蚁，只要有人家藏了糖果之类的东西，就会招来很多黄蚁，极惹当地人的厌恶。所以，当地人认为这样做可以减少黄蚁的危害，并且当年家中会蝼蚁皆无。

广西金秀的瑶族在惊蛰日家家户户要吃"炒虫"，"虫"炒熟后，放在厅堂中，全家人围坐在一起大吃，还要边吃边喊："吃炒虫了，吃炒虫了！"其实"虫"就是玉米粒。

❷ 烙煎饼和香油饼

山东的农民会在惊蛰日生火烙煎饼，取"烟熏火燎灭害虫"的意思。

香油就是芝麻油，是用芝麻籽榨取的油，能解热毒，灭毒虫。用香油煎炸食物，香气四溢，可使灶台上的虫类绝迹。惊蛰日，许多地方有用香油煎食糕饼的风俗，俗称"熏虫"。

❸ 惊蛰吃梨

苏北及山西一带流传有"惊蛰吃了梨，一年都精神"的民谣。春季气候比较干燥，很容易使人口干舌燥、外感咳嗽，吃梨可以增强体质，抵御病菌的侵袭。也有人说"梨"谐音"离"，惊蛰吃梨可让虫害远离庄稼，可保全一年的好收成，因此这一天全家都要吃梨。

春 分

公历／3月20或21日

　　春分在每年的 3 月 20 日至 21 日之间。分是平分的意思，春分表示春季时的白天和黑夜平分，也表示到了春分，春天已经过完一半了。春分这一天阳光直射赤道，昼夜几乎一样长，都是 12 个小时，过了这一天，北半球的白天越来越长，夜晚越来越短。因此有谚语说：吃了春分饭，一天长一线。

　　春分时节，我国除青藏高原、东北、西北地区外，都进入明媚的春天，杨柳青青，油菜

花盛开。江南的降水增多，经常阴雨连绵。但在东北、华北和西北广大地区，却是"春雨贵如油"，降水很少，而且晴天时常刮大风，还会出现沙尘暴天气。

春分三候：一候玄鸟至，二候雷乃发声，三候始电。意思是，春分节气的第一个五天，在南方过冬的燕子飞回了北方；春分节气的第二个五日，下雨时，会听到打雷的声音（春分之前，下雨时没有雷声）；再过五日，下雨时，听到雷声前，会先看到闪电。

太阳神炎帝

在很久很久以前，有一位深爱百姓的帝王，叫炎帝。为了让百姓有粮食吃，他向上天求来五谷的种子，并把种子分给人们耕种。人们高高兴兴地把种子种到地里，可是过了很长时间，谷苗并没有开花，更没有丰收的粮食。

于是炎帝去问上天。上天说，那是因为太阳躲起来睡着了，五谷的种子照不到足够的太阳光，就开不出花也结不出果来。炎帝就问上天，怎么才能把太阳唤出来，上天说，需要有一个人在春分那天，就是白天与黑夜平分的那天，骑上五色鸟，到蓬莱岛把太阳找回来，重新挂在天上。蓬莱岛是仙岛，从来没有人去过那里，据说很难到达岛上。为了百姓，炎帝决定亲自去岛上把太阳

zhǎo huí lái
找回来。

zài chūn fēn zhè yì tiān   yán
在春分这一天，炎
dì qí shàng wǔ sè niǎo fēi wǎng
帝骑上五色鸟飞往
wú biān de dà hǎi   shuō yě qí
无边的大海。说也奇
guài   yuán běn bō tāo xiōng yǒng de
怪，原本波涛汹涌的
dà hǎi   zài yán dì qí zhe wǔ sè niǎo jīng guò
大海，在炎帝骑着五色鸟经过
shí   hǎi miàn què wèi lán yí piàn   fēi cháng píng jìng
时，海面却蔚蓝一片，非常平静。

yán dì lái dào péng lái dǎo   yì bǎ bào qǐ tài yáng   qí zài
炎帝来到蓬莱岛，一把抱起太阳，骑在
niǎo bèi shang fēi huí le jiā xiāng   tā bǎ tài yáng guà zài jiā xiāng de tiān
鸟背上飞回了家乡。他把太阳挂在家乡的天
kōng   ràng tài yáng guāng pǔ zhào dà dì   cóng cǐ   dà dì shang wǔ
空，让太阳光普照大地。从此，大地上五
gǔ fēng dēng   wàn mín ān lè   yán dì yīn cǐ bèi rén men zūn fèng wéi
谷丰登，万民安乐。炎帝因此被人们尊奉为
tài yáng shén
"太阳神"。

rén men shí fēn gǎn xiè tài yáng shén yán dì   měi nián dào le chūn
人们十分感谢太阳神炎帝，每年到了春
fēn zhè yì tiān   dōu yào duì zhe tài yáng jì bài tā   rén men hái huì
分这一天，都要对着太阳祭拜他。人们还会
xué yán dì zhàn zài niǎo bèi shang de yàng zi zhàn lì   shèn zhì hòu lái rén
学炎帝站在鸟背上的样子站立，甚至后来人
men fā xiàn lián jī dàn yě kě yǐ zài zhè yì tiān zhàn lì qǐ lái
们发现连鸡蛋也可以在这一天站立起来。

阅读勇闯关

请将正确答案前的字母填到（　　）内。

第 7 关：

下列哪句描述是春分的三候之一？（　　）

A. 一候玄鸟至　　B. 二候仓庚鸣

C. 三候草木萌动

第 8 关：

是谁骑着五色鸟到蓬莱岛找回了太阳？（　　）

A. 尧帝　　B. 舜帝　　C. 炎帝

诗歌里的节气

^{jué} 绝　^{jù} 句

〔唐〕杜　甫

^{chí rì jiāng shān lì}
迟日江山丽，^{chūn fēng huā cǎo xiāng}春风花草香。

^{ní róng fēi yàn zǐ}
泥融飞燕子，^{shā nuǎn shuì yuān yāng}沙暖睡鸳鸯。

译文：江山沐浴着春光，多么秀丽，春风送来花草的芳香。燕子衔着湿泥忙着筑巢，暖和的沙滩上睡着成双成对的鸳鸯。

咏 柳

〔唐〕贺知章

碧玉妆成一树高，
万条垂下绿丝绦。
不知细叶谁裁出，
二月春风似剪刀。

译文：高高的柳树上长满了翠绿的新叶，轻柔的柳枝垂下来，就像千万条轻轻飘动的绿色丝带。这细细的绿叶是谁的巧手裁剪出来的呢？原来是二月里温暖的春风，它就像一把灵巧的剪刀。

民间习俗

❶ 祭日

从周代开始，有春分祭日、秋分祭月的仪式。北京的日坛，就是明清两代皇帝在春分这一天祭祀太阳神的地方。春分这一天，皇帝带领群臣向太阳神献上祭品，并行三跪九拜大礼。在民间，春分这一天，大家族则在祠堂举行祭祀祖先的仪式。

❷ 竖蛋

在春分这一天，世界各地有数以千万计的人在做"竖蛋"试验。其玩法简单易行且富有趣味：选择一个光滑匀称、刚生下四五天的新鲜鸡蛋，在桌子上小心地把它竖起来。虽然失败者颇多，但成功者也不少。

春分这一天为什么鸡蛋容易竖起来呢？有人说，春分这一天，地球地轴与地球绕太阳公转的轨道平面处于一种力的相对平衡状态，所以鸡蛋容易立起来。另外，鸡蛋的表面不光滑，而且刚生下四五天的鸡蛋，蛋黄下沉，鸡蛋重心下降，有利于鸡蛋竖立。

❸ 吃春菜

岭南有春分吃春菜的习俗。春菜是一种野苋菜。春分这天，全村人都去田野采摘春菜。摘回的春菜一般和鱼片一起做成滚汤，名叫春汤。有顺口溜道："春汤灌脏，洗涤肝肠。阖家老少，平安健康。"人们在春分日吃春菜，祈求一年家宅安宁，身壮力健。

清 明

公历 / 4月4、5或6日

　　清明的时间点在每年公历4月4日至6日之间。清明的意思是天气清爽明净，万物欣欣向荣。清明时节，气温回升，天气逐渐转暖，降雨增多，草木逐渐繁茂。清明既是节气，也是中国传统节日，它是人们祭奠祖先、亲近自然的日子。

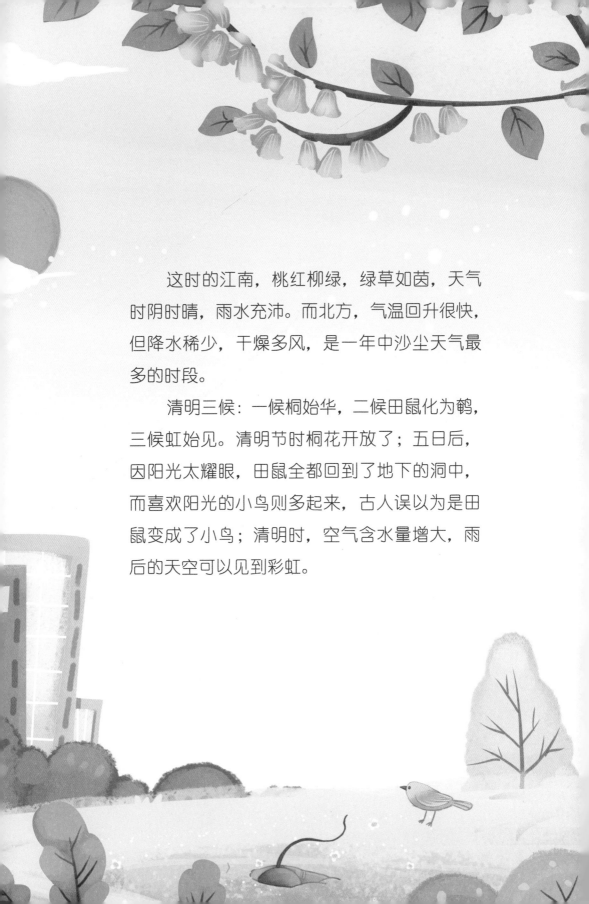

　　这时的江南，桃红柳绿，绿草如茵，天气时阴时晴，雨水充沛。而北方，气温回升很快，但降水稀少，干燥多风，是一年中沙尘天气最多的时段。

　　清明三候：一候桐始华，二候田鼠化为鹌，三候虹始见。清明节时桐花开放了；五日后，因阳光太耀眼，田鼠全都回到了地下的洞中，而喜欢阳光的小鸟则多起来，古人误以为是田鼠变成了小鸟；清明时，空气含水量增大，雨后的天空可以见到彩虹。

清明节的由来
qīng míng jié de yóu lái

▶微信扫码◀
配套音频 趣味动画
写作指导 名著导读

相传春秋时期，晋公子重耳为逃避迫害而流亡国外。有一次，重耳饿晕过去。随臣介之推从自己腿上割下一块肉，煮了一碗肉汤给重耳喝，重耳才醒了过来。

十九年后，重耳做了国君，就是春秋五霸之一的晋文公。晋文公重赏了当初伴随他流亡的功臣，唯独忘了介之推。而介之推无心争功讨赏，他打点好行装，同老母亲到绵山隐居去了。

晋文公听说后，十分羞愧，亲自到绵山去请介之推回来。绵山山高树密，怎么也找不到介之推母子。有人献计，从三面火烧绵山，逼出介之推。火熄后，人们发现介之推母子坐在一棵烧焦的大柳树下被烧死了。晋文公见

状痛哭。安葬遗体时，晋文公发现介之推后背堵着一个树洞，从树洞里发现一片衣襟，上面写道："割肉奉君尽丹心，但愿主公常清明。"为了纪念介之推，晋文公下令把绵山改为"介山"，并把放火烧山的这一天定为寒食节，晓谕全国，这天禁止烟火，只吃冷食。

第二年，晋文公率众臣登山祭奠介之推，发现老柳树死而复活，便赐老柳树为"清明柳"，还折下一枝柳条，编了一个圈儿戴在头上，以示怀念，并把寒食节的后一天定为清明节。此后，每逢寒食节，人们不生火做饭，只吃事先做好的冷食。在清明节，人们扫墓、戴柳，祭拜先人。后来，清明节和寒食节合并，只过清明节了。

阅读勇闯关

请将正确答案前的字母填到（　　）内。

第 9 关：

清明的时间点是（　　）

A. 每年公历 4 月 4—5 日之间　　B. 每年公历 4 月 4—6 日之间

C. 每年公历 4 月 4—7 日之间

第 10 关：

晋文公为了祭奠介之推，把哪天定为清明节？（　　）

A. 寒食节的后一天　　B. 寒食节的前一天

C. 放火烧山的那一天

诗歌里的节气

清明
qīng míng

〔唐〕杜 牧

qīng míng shí jié yǔ fēn fēn
清明时节雨纷纷，

lù shàng xíng rén yù duàn hún
路上行人欲断魂。

jiè wèn jiǔ jiā hé chù yǒu
借问酒家何处有，

mù tóng yáo zhǐ xìng huā cūn
牧童遥指杏花村。

译文：清明时节，细雨纷纷，路上的行人个个被雨淋得失魂落魄。问牧童哪里有酒家可以歇一歇，牧童手指着远处的杏花村告诉行人，那里有酒家。

寒食

〔唐〕韩 翃

春城无处不飞花，寒食东风御柳斜。
日暮汉宫传蜡烛，轻烟散入五侯家。

译文：春天的长安城处处落英缤纷。寒食节，春风吹拂着皇家花园里的杨柳，柳枝随风摆动。日暮时分，皇宫里传出点燃的烛火，权贵豪门的宅院飘出蜡烛的青烟。（汉代称寒食节为禁烟节，这一天百姓人家不得用火，但皇宫却例外，天还没黑，就忙着分送蜡烛，恩赐给近臣权贵。）

民间习俗

1 祭祖和扫墓

中国汉族传统的清明节大约始于周代，受汉族文化的影响，中国许多少数民族也有过清明节的习俗。清明节时，人们扫墓祭祖、踏青郊游。上自君王大臣，下至普通百姓，都要在这一节日祭拜先人。从唐玄宗开始，朝廷清明节放假，官员可以回乡扫墓。

2 吃青团

我国许多地方还有清明节吃冷食的习惯。山东吃冷饽饽和冷煎饼卷生苦菜。浙江湖州，清明节家家裹粽子，可作祭祀的祭品，也可作踏青带的干粮。上海和浙江、福建一些地方吃青团。青团又叫清明果，是将一种绿色野菜汁和糯米粉混在一起做成面团，然后包上豆沙、枣泥等，放到蒸笼内蒸熟。蒸熟的青团色泽鲜绿，香气扑鼻。青团也是江南一带人们用来祭祀祖先的食品。

③ 植树

　　自古以来，就有清明植树的习俗。这个习俗，来源于清明节戴柳、插柳的风俗。清明戴柳，有的将柳枝编成圆圈戴在头上，有的将嫩柳枝结成花朵插在发髻上，还有直接将柳枝插在发髻上的。有的地方，人们把柳枝插在屋檐下。民间传说，清明戴柳、插柳有辟邪的作用。

谷 雨

公历 / 4 月 19、20 或 21 日

　　谷雨节气在每年 4 月 19 日至 21 日之间。谷雨是二十四节气中的第六个节气，也是春季最后一个节气。谷雨，是雨生百谷的意思，也就是说谷雨时，各种农作物开始生长。谚语说：清明断雪，谷雨断霜。谷雨节气的到来意味着春寒天气基本结束，气温回升加快。

　　在这个多雨的节气里，我国南方大部分地区雨水较多，但秦岭、淮河以北，春雨急剧减少，北方此时一般都还伴有沙尘天气。

谷雨三候：一候萍始生，二候鸣鸠拂其羽，三候戴胜降于桑。意思是谷雨节气，浮萍开始生长；谷雨五日后，布谷鸟一边啼鸣一边梳理羽毛，提醒人们播种；再过五日，桑树上开始见到戴胜鸟，人们就开始采桑养蚕了。

cāng jié zào zì de chuán shuō
仓颉造字的传说

dà yuē zài sì qiān nián qián　　huáng dì xuān yuán
大约在四千年前，黄帝轩辕

bèi yōng dài wéi bù luò lián méng lǐng xiù　　tā rèn
被拥戴为部落联盟领袖，他任

mìng cāng jié wéi shǐ guān　cāng jié zuò le
命仓颉为史官。仓颉做了

shǐ guān yǐ hòu　yòng bù tóng lèi xíng de
史官以后，用不同类型的

bèi ké hé shéng jié lái jì zǎi shì wù
贝壳和绳结来记载事务。

kě shì　suí zhe zhǔ guǎn de shì wù rì yì fán
可是，随着主管的事务日益繁

duō　lǎo bàn fǎ yuǎn yuǎn bù néng shì yìng xū qiú　cāng jié hěn fàn chóu
多，老办法远远不能适应需求，仓颉很犯愁。

yì tiān　cāng jié gēn suí yí gè lǎo liè rén wài chū dǎ liè　zǒu
一天，仓颉跟随一个老猎人外出打猎，走

dào yí gè chà lù kǒu　lǎo liè rén zhǐ zhe dì shang liú xià de niǎo shòu
到一个岔路口，老猎人指着地上留下的鸟兽

zú jì　xiàng tā jiǎng shù niǎo shòu de　qù xiàng
足迹，向他讲述鸟兽的去向。

yí gè zú yìn kě yǐ dài biǎo yì zhǒng niǎo shòu　cāng jié
"一个足印可以代表一种鸟兽。"仓颉

xiǎng　　wǒ néng bù néng yòng yí gè fú hào dài biǎo yì zhǒng shì wù
想，"我能不能用一个符号代表一种事物

ne　huí jiā hòu　cāng jié biàn dǎ dian xíng zhuāng chū wài chá fǎng
呢？"回家后，仓颉便打点行装出外察访。

tā bá shān shè shuǐ　bù chǐ xià wèn　bǎ kàn dào de gè zhǒng shì
他跋山涉水，不耻下问，把看到的各种事

wù dōu àn qí tè zhēng biǎo shì chū lái
物都按其特征表示出来。

cāng jié huí jiā yǐ hòu　　yòu yòng le sān nián shí jiān　cái zào
仓颉回家以后，又用了三年时间，才造

zì chéng gōng
字成功。

cāng jié zào chū wén zì　　dà dà tuī jìn le rén lèi de fā
仓颉造出文字，大大**推进**了人类的发

zhǎn　zhè shì gǎn dòng le tiān dì　dāng shí zhèng zāo yù zāi huāng　xǔ
展。这事感动了天帝。当时正遭遇灾荒，许

duō rén jiā méi yǒu liáng shi chī　tiān dì biàn mìng tiān bīng tiān jiàng xià le
多人家没有粮食吃，天帝便命天兵天将下了

yì cháng gǔ zi yǔ　　rén men zhōng yú dé jiù le
一场谷子雨，人们终于得救了。

cāng jié sǐ hòu　　rén men bǎ jì sì cāng jié de rì zi dìng zài
仓颉死后，人们把祭祀仓颉的日子定在

xià gǔ zi yǔ de zhè tiān　yě jiù shì xiàn zài de gǔ yǔ jié　zì cǐ
下谷子雨的这天，也就是现在的谷雨节。自此

zhī hòu　měi nián gǔ yǔ jié　cāng jié miào dōu yào jǔ xíng chuán tǒng miào
之后，每年谷雨节，仓颉庙都要**举行**传统庙

huì　lóng zhòng jì diàn wén zì shǐ zǔ cāng jié
会，隆重祭奠文字始祖仓颉。

阅读勇闯关

请将正确答案前的字母填到（　　）内。

第 11 关：

下列哪句描述是谷雨的三候之一？（　　）

A. 一候桐始华　B. 二候鸣鸠拂其羽　C. 三候虹始见

第 12 关：

仓颉受到什么启发造出了文字？（　　）

A. 人的足迹　B. 贝壳和绳结　C. 鸟兽的足迹

诗歌里的节气

wén wáng chāng líng zuǒ qiān lóng biāo yáo yǒu cǐ jì
闻王昌龄左迁龙标遥有此寄

〔唐〕李 白

yáng huā luò jìn zǐ guī tí
杨花落尽子规啼，

wén dào lóng biāo guò wǔ xī
闻道龙标过五溪。

wǒ jì chóu xīn yǔ míng yuè
我寄愁心与明月，

suí jūn zhí dào yè láng xī
随君直到夜郎西。

译文：在杨花落完子规（即布谷鸟）啼鸣之时，我听说您被贬为龙标尉，要经过五溪。我把我忧愁的心思寄托给明月，希望能一直陪着您到夜郎以西。

绝 句

〔宋〕志 南

gǔ mù yīn zhōng jì duǎn péng
古木阴中系短篷,

zhàng lí fú wǒ guò qiáo dōng
杖藜扶我过桥东。

zhān yī yù shī xìng huā yǔ
沾衣欲湿杏花雨,

chuī miàn bù hán yáng liǔ fēng
吹面不寒杨柳风。

译文：在古树的浓荫下，系了小船。拄着藜杖走过桥，向东而去。阳春三月，杏花开放，绵绵细雨落在衣服上，好像要把衣服打湿似的。轻轻吹拂人面的，是带着杨柳清新气息的暖风。

民间习俗

1 祭海

　　谷雨时节海水变暖，海中的鱼类纷纷游到浅海地带，这时是下海捕鱼的好日子。为了能够出海平安、满载而归，渔民们在谷雨这天要举行海祭，祈求海神保佑。因此，谷雨节气也是渔民出海捕鱼的"壮行节"。

2 喝谷雨茶

　　传说谷雨这天采的茶喝了会清火、辟邪、明目，所以南方有谷雨采茶习俗。谷雨这天不管是什么天气，人们都会去茶山采一些新茶回来喝，以祈求健康。

3 除杀五毒

　　谷雨以后气温升高，田地里的害虫进入繁殖期，为了减轻病虫害对农作物及人的伤害，农家在谷雨这天一边进田灭虫，一边张贴谷雨贴，进行驱凶纳吉的祈祷。这一习俗在山东、山西、陕西一带十分流行。

　　谷雨贴，属于年画的一种，上面刻绘神鸡捉蝎、天师除五毒等画面，有的还附有诸如"谷雨三月中，蛇蝎永不生"等文字说明，寄托人们禁杀害虫、盼望丰收平安的心理。

立 夏

公历 / 5月5、6或7日

立夏在每年的5月5日至7日之间。立夏是夏季的第一个节气，表示大地告别春天，迎来夏季。立夏和立春、立秋、立冬这四个节气表示夏季、春季、秋季和冬季的开始。立夏节气后，气温明显升高，雷雨增多，大地上万物生长，一片欣欣向荣。农作物进入快速生长期，农民则忙着给庄稼除草、施肥、培土。

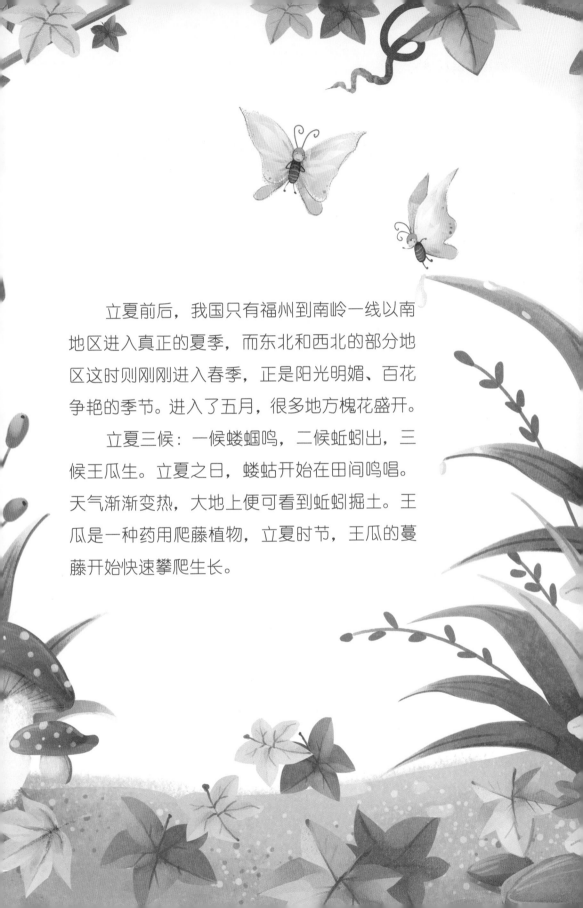

　　立夏前后，我国只有福州到南岭一线以南地区进入真正的夏季，而东北和西北的部分地区这时则刚刚进入春季，正是阳光明媚、百花争艳的季节。进入了五月，很多地方槐花盛开。

　　立夏三候：一候蝼蝈鸣，二候蚯蚓出，三候王瓜生。立夏之日，蝼蛄开始在田间鸣唱。天气渐渐变热，大地上便可看到蚯蚓掘土。王瓜是一种药用爬藤植物，立夏时节，王瓜的蔓藤开始快速攀爬生长。

立夏称阿斗

微信扫码
配套音频　趣味动画
写作指导　名著导读

据说三国时期，西南少数民族首领孟获被诸葛亮收服，孟获归顺蜀汉国之后，对诸葛亮**言听计从**。诸葛亮去世之前嘱托孟获每年要来看望蜀主一次。诸葛亮嘱托之日，正好是这年立夏，孟获当即去拜见蜀主刘禅。从此以后，每年立夏日，孟获都会依照**承诺**来拜见刘禅。过了数年，司马炎灭掉蜀汉国，掳走阿斗（刘禅小名叫阿斗）。而孟获不忘丞相的**嘱托**，每年立夏带兵去洛阳看望阿斗，每次去都要给阿斗称体重，以验证阿斗

是否被晋武帝司马炎亏待。孟获扬言，如果晋武帝亏待阿斗，他就要**起兵**反晋。晋武帝为了迁就孟获，就在每年立夏这天，用糯米加豌豆煮成饭给阿斗吃。阿斗见豌豆糯米饭又糯又香，就加倍吃下。

孟获年年进洛阳城称阿斗，阿斗每次都比上一年重几斤。阿斗虽然没有什么本领，但有孟获立夏称人之举，晋武帝也不敢**欺侮**他，日子过得**清净**安乐。立夏称人给阿斗带来福气，人们争相效仿，渐渐形成立夏称人的习俗。

阅读勇闯关

请将正确答案前的字母填到（　　　　）内。

第 13 关：

夏季的第一个节气是（　　　）

A. 谷雨　　B. 立夏　　C. 雨水

第 14 关：

立夏的时间点是（　　　）

A. 每年公历 5 月 4—5 日之间　　B. 每年公历 5 月 4—6 日之间

C. 每年公历 5 月 5—7 日之间

诗歌里的节气

山居夏日 shān jū xià rì

〔唐〕高 骈

绿树阴浓夏日长，
lù shù yīn nóng xià rì cháng

楼台倒影入池塘。
lóu tái dào yǐng rù chí táng

水晶帘动微风起，
shuǐ jīng lián dòng wēi fēng qǐ

满架蔷薇一院香。
mǎn jià qiáng wēi yí yuàn xiāng

译文：夏日里树荫更绿更浓密，白天更长了，亭台楼阁清晰地
倒映在池塘里。水晶帘子摇曳晃动，才知有微风吹来。架上蔷薇花开，
整个院落飘满香气。

客中初夏
kè zhōng chū xià

〔宋〕司马光

四月清和雨乍晴，
sì yuè qīng hé yǔ zhà qíng

南山当户转分明。
nán shān dāng hù zhuǎn fēn míng

更无柳絮因风起，
gèng wú liǔ xù yīn fēng qǐ

惟有葵花向日倾。
wéi yǒu kuí huā xiàng rì qīng

译文：初夏四月（指阴历四月），天气清明和暖，下过一场雨，雨过天晴，正对面的南山变得更加明净了。眼前没有随风飘飞的柳絮，只有葵花朝着太阳开放。

1 迎夏祭赤帝

我国古代很重视立夏节气。从周朝开始，立夏这天，帝王要亲率文武百官到城南郊外"迎夏"，并举行祭祀赤帝祝融的仪式。在神话传说中，句芒是春神，祝融是夏神，迎夏仪式就是迎接夏天的神——祝融。祝融，被封为赤帝，也是掌管人间用火的火神，所以祭祀时的车子、旗帜、服饰都是红色的。迎夏仪式后，帝王还要指令司徒等官去各地勉励农民抓紧耕作。这个仪式现代已经没有了。

2 立夏吃蛋

立夏吃蛋的习俗由来已久。传说从立夏这一天起，许多人特别是小孩子会有身体疲劳、四肢无力的感觉，食欲减退并逐渐消瘦，这被称为疰夏，北方叫苦夏。女娲娘娘告诉百姓，立夏日吃蛋可避免疰夏。所以立夏这日中午，家家户户煮好蛋，之后再套上用五色丝线编织好的网袋，挂在孩子的脖子上。据说这样就可保佑小孩子平安度过夏天。孩子们三五成群，进行斗蛋游戏。蛋破了，或者饿了，就直接吃掉。

③ 立夏称人

立夏吃罢中饭，人们在村口挂起一杆大秤，秤钩上挂着一只倒放的凳子或箩子，大家轮流坐到上面称体重。打秤的人一面打秤，一面讲着吉利话。称老人要说："秤花八十七，活到九十一。"称小孩则说："秤花一打二十三，小官人长大做高官。"打秤只能从小数打到大数，不能反打。

小　满

公历 / 5 月 20、21 或 22 日

　　小满是夏季的第二个节气，在每年的 5 月
20 日至 22 日之间。小满的含义是夏熟作物的
籽粒开始饱满，但还未成熟，只是小满，还未
大满。从小满节气开始，全国大部分地区进入
夏季，南北温差缩小，降水更多。

　　这时北方地区的小麦等作物籽粒开始灌浆
饱满，但还没有成熟。南方地区的农谚则赋予
小满以新的含义："小满不满，干断田坎。""满"
用来形容雨水的充盈，意思是小满时田里如果

蓄不满水，就可能造成田坎干裂，无法栽插水稻。小满节气时，南方往往大雨滂沱，但东北、华北地区干旱少雨，地面温度很高，常常出现全国最高气温。

　　小满三候：一候苦菜秀，二候靡草死，三候麦秋至。小满节气时，苦菜已经长得很繁茂。一些喜阴的枝条细软的草类在强烈的阳光下开始枯死。小满时节，夏麦一片金黄，很快就可以收获了。

嫘祖

《千字文》里有一句"始制文字，乃服衣裳"，说的是黄帝轩辕做部落联盟首领时，人类的文明有了巨大进步，仓颉**创造**了文字，人们穿起了衣服。让人们穿上衣服的人就是轩辕的妻子嫘祖。

黄帝被推选为部落联盟首领后，带领大家种五谷，驯养动物，冶炼铜铁，**制造**生产工具。他的妻子嫘祖就**负责**给人们做衣服。嫘祖带领女人们上山剥树皮，织麻网，她们还把男人们捕获的野兽的皮毛剥下来，制成衣服、鞋帽。但是嫘祖对人们的穿着并不满意，想要找到更好的做衣服的材料。

一次，跟她一起**劳作**的女人从一片桑树林里采回一些白色的"小果"，以为是可以吃的鲜果。嫘祖看了白色"小果"，高兴地对女伴们说："这不是果子，不能吃，但却有大用处。"她在桑树林里观察，弄清这种白色小果是由一种虫子口吐细丝绕织而成的。嫘祖经

过反复试验，找到了从蚕茧上抽丝并把蚕丝织成丝绸的办法。她说服黄帝下令保护山上所有的桑树林。她带领妇女们养蚕、纺织丝绸。在嫘祖的带领下，人们开始了栽桑养蚕的历史。后世为了纪念嫘祖，尊她为"蚕神娘娘"。

阅读勇闯关

请将正确答案前的字母填到（　　）内。

第15关：

后世为了纪念让人们穿上衣服的嫘祖，尊她为（　　）

A."蚕神娘娘"　B."九天娘娘"　C."王母娘娘"

第16关：

小满的含义是（　　）

A.夏熟作物的籽粒开始饱满，但还未成熟

B.夏熟作物的籽粒已经饱满成熟

C.夏熟作物的籽粒还未形成

诗歌里的节气

xiāng cūn sì yuè
乡村四月

〔宋〕翁　卷

lù biàn shān yuán bái mǎn chuān　　zǐ guī shēng lǐ yǔ rú yān
绿遍山原白满川，子规声里雨如烟。

xiāng cūn sì yuè xián rén shǎo　　cái liǎo cán sāng yòu chā tián
乡村四月闲人少，才了蚕桑又插田。

译文： 山间原野到处绿油油的，河水盈满，映着天光，白茫茫一片。在如烟似雾的细雨中，布谷鸟不时地鸣叫着。乡村的四月正是人们最忙的时候，刚刚做完蚕桑的事又要插秧了。

四时田园杂兴（其二）

sì shí tián yuán zá xìng

〔宋〕范成大

méi zǐ jīn huáng xìng zǐ féi
梅子金黄杏子肥，

mài huā xuě bái cài huā xī
麦花雪白菜花稀。

rì cháng lí luò wú rén guò
日长篱落无人过，

wéi yǒu qīng tíng jiá dié fēi
惟有蜻蜓蛱蝶飞。

译文：初夏正是梅子金黄、杏子肥的时节，麦穗扬着白花，油菜花差不多落尽正在结籽。夏天日长，篱落边无人过往，大家都在田间忙碌，只有蜻蜓和蛱蝶在款款飞舞。

063

1 抢水与祭车神

以前，用水车车水灌溉是农村的大事。在浙江一些地方，水车在小满这一天启动，要举行"抢水"仪式。仪式由年长的管事人主持。这一天黎明，全村的人都出动，燃起火把来到河边，吃麦糕、麦饼、麦团，主持者以敲鼓打锣为号，还有其他乐器相和。青壮年一起踏上河上事先装好的水车，同时踏动数十辆水车，把河水引灌入田。这就是"抢水"。

祭车神也是南方农村的古俗，传说"车神"是白龙。农家在用水车车水之前，在水车车基上放上鱼肉、香烛等祭品祭拜，最特别的祭品是一杯白水，祭祀时将这杯白水泼入田中，祝愿水源充足，永不枯竭。

② 看麦梢黄

　　每年小满之后，麦子逐渐成熟。在陕西的一些农村，出嫁的女儿要到娘家去探望，问候夏收的准备情况。这样一个节日，叫"看忙罢"。农谚云："麦梢黄，女看娘；卸了拨枷，娘看冤家。"意思是说每年麦子快要成熟的时候，女儿同女婿携带礼品如黄杏、黄瓜等去探望娘家人，问候夏收的准备情况。等娘家的麦收忙完了，母亲再探望女儿，关心女儿的操劳情况。

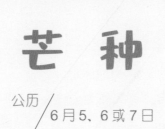

芒 种

芒种在每年的6月5日至7日之间。芒种的"芒"字，是指麦类等有芒植物的收割；芒种的"种"字，是指谷黍类作物播种。芒种的意思就是有芒的麦子可收，有芒的稻子可种。北方的冬小麦开始收割，南方的水稻开始播种。农民开始了忙碌的田间生活。

在芒种期间，除了青藏高原和黑龙江最北部的一些地区还没有真正进入夏季以外，大部分地区的人们，都能够体验到夏天的炎热。南

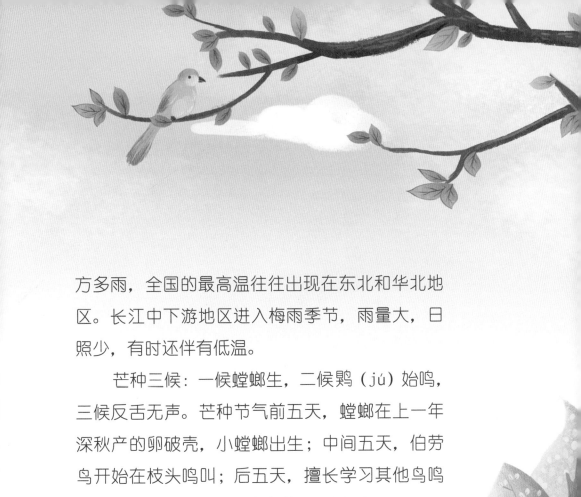

方多雨，全国的最高温往往出现在东北和华北地区。长江中下游地区进入梅雨季节，雨量大，日照少，有时还伴有低温。

芒种三候：一候螳螂生，二候鹀（jú）始鸣，三候反舌无声。芒种节气前五天，螳螂在上一年深秋产的卵破壳，小螳螂出生；中间五天，伯劳鸟开始在枝头鸣叫；后五天，擅长学习其他鸟鸣叫、已聒噪数月的反舌鸟却停止了鸣唱。

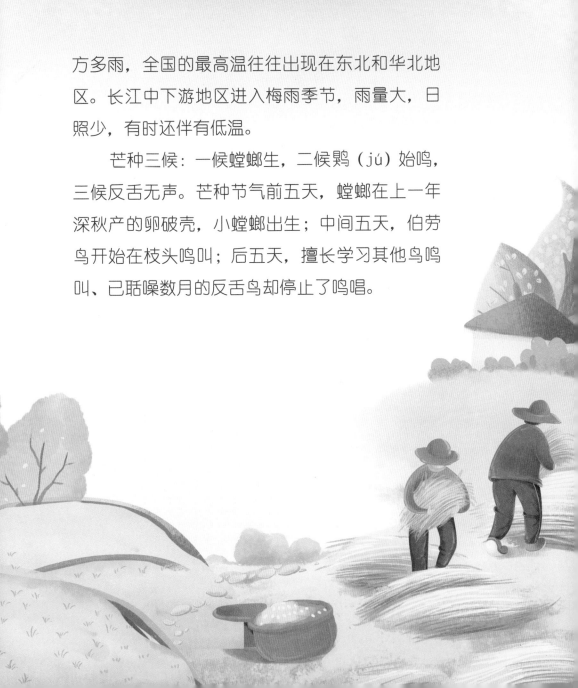

焦骨牡丹的传说

▶微信扫码◀
配套音频 趣味动画
写作指导 名著导读

传说那是一年寒冬，大雪初停，女皇武则天兴致大发，带着大臣一起到上林苑饮酒赏雪。上林苑里银装素裹，只有红梅盛开。有个大臣说："这梅花虽美，但只是一枝独秀，若是能百花齐放，才是一番美景。"

武则天回到宫中，还想着百花齐放的事，便写了首诗："明朝游上苑，火速报春知。花须连夜放，莫待晓风吹。"写完让宫女拿去烧了报花神知晓。众花神见到这诏书吓坏了，几个胆小的花神说："武皇心狠手辣，如果不开花，肯定是要降罪给我们的。"不少花神随声附和，只有牡丹花神坚决反对："百花都有各自开放的时节，武皇这旨下得不讲道理，咱们不可听从。"

第二天一早，宫女向武则天禀报，说百

花真的盛开了。武则天大喜，急忙起身去看。只见桃花、李花、兰花等全开了，衬着白雪，景象迷人。武则天正得意着，突然看到牡丹圃一片枯枝，脸色顿时沉下来，说："百花都遵旨开放，这牡丹花竟敢不开，给我放火烧了。"只见一片熊熊大火，牡丹枯枝很快被烧焦了。武则天还不解气，又下旨把牡丹连根拔了全扔去洛阳邙山。

洛阳邙山是非常偏僻贫瘠的地方，谁知这牡丹十分坚强，到了邙山，入土扎根。第二年春天，漫山开满了牡丹花。

因为牡丹在武则天的烈火中骨焦心刚，矢志不渝，人们赞她为"焦骨牡丹"。众花神因欣赏牡丹仙子的气节，拥戴她为"百花之王"。

阅读勇闯关

请将正确答案前的字母填到（　　）内。

第17关：

下列哪句描述是芒种的三候之一？（　　）

A. 一候獭祭鱼　B. 二候雷乃发声　C. 三候反舌无声

第18关：

芒种的意思是（　　）

A. 有芒的麦子和稻子可收

B. 有芒的麦子可收，有芒的稻子可种

C. 有芒的麦子和稻子可种

诗歌里的节气

时雨 shí yǔ

〔宋〕陆 游

时雨及芒种，四野皆插秧。
shí yǔ jí máng zhòng　sì yě jiē chā yāng

家家麦饭美，处处菱歌长。
jiā jiā mài fàn měi　chù chù líng gē cháng

译文：芒种时雨水应时而下，田野各处农民都在插秧。家家
的新麦饭都很美味，处处都能听到菱歌悠长。

观刈麦

〔唐〕白居易

田家少闲月，五月人倍忙。

夜来南风起，小麦覆陇黄。

妇姑荷箪食，童稚携壶浆，

相随饷田去，丁壮在南冈。

译文：农家很少有空闲的月份，五月到来人们更加繁忙。夜里刮起了南风，覆盖田垄的小麦已成熟发黄。妇女们担着盛饭食的竹篮，儿童手提装水的壶，相互跟随着到田间送饭，壮年男子都在南冈收割小麦。

① 送花神

古人相信有专门的神仙管理人间百花，称为"花神"。花神在春季下凡安排百花开放，过了芒种以后，人间进入暑热季节，不再适合花朵开放，花神就在芒种这天回到天庭。百姓这一天为花神饯别，感谢花神对人间的眷顾，期待明年再会。在这一天，女孩子们用花瓣和浸泡一夜的柳枝缠绕编织成车、马、轿子等，或者用锦绣绫罗叠成旌旗幢幡，然后再用彩色丝线系在树木枝梢和花朵根部。一阵风吹过，只见花枝招展、绣带飘摇，煞是好看。

❷ 打泥巴仗

贵州东南部一带的侗族青年男女，每年芒种前后都要打泥巴仗。当天，新婚夫妇由要好的男女青年陪同，集体插秧，边插秧边打闹，互扔泥巴。活动结束，检查战果，身上泥巴最多的，就是最受欢迎的人。

❸ 煮梅

在江南地区，每逢初夏时节，梅子次第成熟，但味道酸涩令人难以入口。在芒种节气，妇女和孩子采摘青梅清洗干净，再加水烹煮到酸味尽除。煮熟的青梅有的放入缸中加糖腌渍，有的放入黄酒中煮制，这就是煮梅。《三国演义》中有"煮酒论英雄"的故事：刘备与曹操"随至小亭，已设樽俎：盘置青梅，一樽煮酒。二人对坐，开怀畅饮"。

夏至

公历／6月21或22日

夏至节气在每年的6月21日至22日之间。这一天太阳直射地面的位置到达一年的最北端，白天最长，太阳在北半球上投下的影子最短，所以称为夏至，"至"是顶点、极点的意思。夏至节气标志着炎热的夏天就要来了。

夏至期间我国大部分地区气温较高，日照充足。华南西部降雨增多，江淮一带的梅雨季节开始，阴雨连绵，空气非常潮湿。夏至以后地面受热强烈，空气对流旺盛，午后至傍晚易形成雷阵雨。这种热

雷雨骤来疾去，降雨范围小，人们称之为"夏雨隔田坎"，意思是田坎这边下雨，田坎那边的地面却是干的。

夏至三候：一候鹿角解，二候蜩（tiáo）始鸣，三候半夏生。夏至日鹿角开始脱落，鹿角每年都会新生、生长，并在夏至前后脱落。五日后，雄性知了鼓着翅膀开始鸣唱。再过五日，喜阴的药草半夏开始生长。

夏至的传说

从前，有一个姑娘叫巧姐。巧姐不但长得好看，而且贤惠能干，做得一手好针线。巧姐长大成人了，爹妈选了一户好人家，把巧姐嫁了出去。

出嫁的第三天，巧姐回门，临上轿时公婆和丈夫对她说："赶太阳下山，做十双袜子、十双鞋子和十个荷包带回来。"

巧姐只得答应。她立刻把所需要的布匹和针线、刀剪全都带在轿子上，就在轿子上开始剪裁。等到了娘家，她茶没喝一口，饭没吃一口，就开始飞针走线地做起活儿来。

这天的太阳好像跑得比往日都要快，一会儿就从东山顶跑到了南山顶，一会儿又从南山顶跑到了西山顶，眼看着就要落到西山背后去了。这时巧姐才做了七双袜子、七双鞋和七个荷包。巧姐急得哭了起来。

这时候，一位老奶奶走进屋里，对巧姐说："娃，你把你的红丝线借我一根。"

巧姐将绣花的红丝线递给老奶奶。老奶奶接过线头儿抓在手中，另一只手抓起丝线轴向空中一抛，只见那丝线轴飞起来，带着一根红线向太阳飞去，围着太阳绕了一个圈，就把太阳牢牢地**拴住**了。巧姐回头看老奶奶，老奶奶早不见了，红丝线的线头儿却牵在她自己的手中。就这样，太阳像风筝一样被牵在了巧姐的手中。巧姐轻轻一牵丝线头儿，太阳就向东方飘了回来。傍晚又变成了下午。

一天的时间延长了，巧姐飞针走线地赶着做活儿。太阳又一次落到西山边上的时候，巧姐做完了所有针线活儿，并送到公公婆婆和丈夫手里。公婆和丈夫都夸巧姐是好

xí fù
媳妇，希望巧姐为他们做更多更漂亮的针线

huó er
活儿。

kě shì   dāng tài yáng luò xià shān de shí hou   qiǎo jiě shǒu li
可是，当太阳落下山的时候，巧姐手里

de hóng sī xiàn qīng qīng piāo le qǐ lái   qiǎo jiě bèi hóng sī xiàn qiān yǐn
的红丝线轻轻飘了起来，巧姐被红丝线牵引

zhe   xiàng xī bian de tiān kōng fēi qù   měi lì ér xīn líng shǒu qiǎo de
着，向西边的天空飞去。美丽而心灵手巧的

qiǎo jiě yì wú fǎn gù de xiàng zhe cǎi xiá fēi qù   jiàn jiàn de róng zài
巧姐义无反顾地向着彩霞飞去，渐渐地融在

xiá guāng zhōng le
霞光中了。

jù shuō zhè yì tiān jiù shì xià zhì
据说这一天就是夏至。

阅读勇闯关

请将正确答案前的字母填到（　　）内。

第 19 关：

下列描述夏至特点的说法正确的是（　　　）

A. 夏至这一天白天最短　B. 夏至这一天晚上最长

C. 夏至这一天白天最长

第 20 关：

夏至的时间点是（　　　）

A. 每年公历 5 月 5—7 日之间

B. 每年公历 6 月 21—22 日之间

C. 每年公历 6 月 20—22 日之间

诗歌里的节气

yuē　kè
约　客

〔宋〕赵师秀

huáng méi shí jié jiā jiā yǔ　　qīng cǎo chí táng chù chù wā
黄 梅 时 节 家 家 雨，青 草 池 塘 处 处 蛙。

yǒu yuē bù lái guò yè bàn　　xián qiāo qí zǐ luò dēng huā
有 约 不 来 过 夜 半，闲 敲 棋 子 落 灯 花。

译文: 梅雨时节家家户户都被烟雨笼罩着，长满青草的池塘边上，传来阵阵蛙声。已经过了午夜，约好的客人还没有来，我无聊地轻轻敲着棋子，看着灯花落下。

sān　qú　dào　zhōng
三 衢 道 中

〔宋〕曾 几

méi zǐ huáng shí rì rì qíng　　xiǎo xī fàn jìn què shān xíng
梅 子 黄 时 日 日 晴，小 溪 泛 尽 却 山 行。

lù yīn bù jiǎn lái shí lù　　tiān dé huáng lí sì wǔ shēng
绿 阴 不 减 来 时 路，添 得 黄 鹂 四 五 声。

译文: 梅子黄了的时候，天天都是晴朗的好天气，乘小舟沿着小溪而行，走到了小溪的尽头，再改走山路继续前行。山路上苍翠的树，与来的时候一样浓密，深林中传来几声黄鹂的欢鸣声，显得山中更加幽静。

1 吃夏至面

"冬至饺子夏至面"，北京人在夏至这天讲究吃面。按照老北京的风俗习惯，每年一到夏至节气就可以大吃生菜和凉面了，因为这个时候气候炎热，吃些生冷之物可以降火开胃，又不至于因寒凉而损害健康。夏至这天，北京各家面馆人气很旺。不管是四川凉面、担担面、红烧肉面还是炸酱面，各种面条都很畅销。

② 夏至祭祖

过去，在浙江绍兴地区，人们不分贫富，夏至日都要祭祀祖宗，俗称"做夏至"。除常规供品外，特加一盘蒲丝饼。另外，绍兴地区的龙舟赛因为气候缘故，明清以来多不在端午节，而在夏至，这个风俗现在仍然保留着。

③ 夏至节

漠河市的漠河村是中国纬度最高的市，在夏季会产生极昼现象，还时常有北极光出现，因此漠河村又被称为北极村、中国的不夜城和极光城。漠河的白夜（就是夜晚的时候，天空仍然明亮）出现在每年夏至前后9天左右的时间，即6月15—25日。这时的漠河多晴朗天气，是人们旅游观光的最佳季节。1989年，漠河市把"夏至"定为旅游节。每当夏至到来，便有数万人到北极村欢度夏至节。

小 暑

公历 / 7月6、7或8日

小暑节气在每年的7月6日至8日之间。"暑"是炎热的意思，小暑就是小热，天气还不是最热。小暑标志着我国大部分地区进入炎热季节。民间有"大暑小暑，上蒸下煮"的说法，紧接着就是一年中最热的大暑节气了。

这时江淮流域梅雨季节即将结束，盛夏开始，气温升高。而华北、东北地区进入多雨季节。小暑之后，南方应注意抗旱，北方须注意防涝。各地的农作物都进入了茁壮成长阶段。

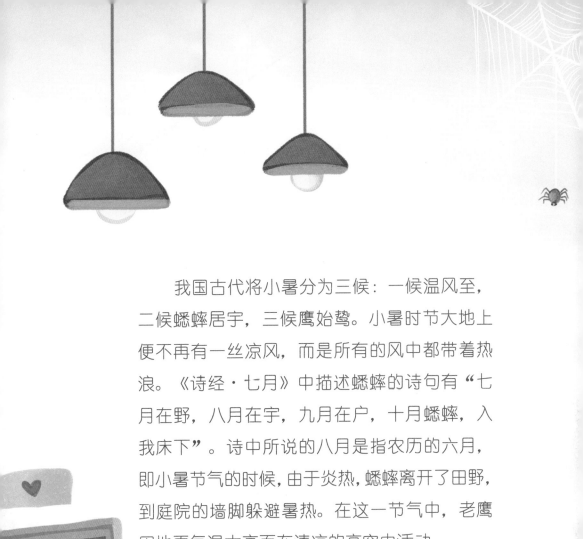

　　我国古代将小暑分为三候：一候温风至，二候蟋蟀居宇，三候鹰始鸷。小暑时节大地上便不再有一丝凉风，而是所有的风中都带着热浪。《诗经·七月》中描述蟋蟀的诗句有"七月在野，八月在宇，九月在户，十月蟋蟀，入我床下"。诗中所说的八月是指农历的六月，即小暑节气的时候，由于炎热，蟋蟀离开了田野，到庭院的墙脚躲避暑热。在这一节气中，老鹰因地面气温太高而在清凉的高空中活动。

姑姑节的由来

▶微信扫码◀
配套音频 趣味动画
写作指导 名著导读

每逢农历六月初六，各家各户都要请出嫁的姑娘回娘家，好好**招待**一番再送回去。这个习俗据说与春秋时期的狐偃有关。

狐偃是跟随晋公子重耳流亡的人之一，重耳做了晋国国君后，重用了狐偃。狐偃把晋国治理得很好，人们对他都很敬重。每逢六月初六狐偃过生日，总有许多人给他拜寿送礼。狐偃渐渐**骄傲**起来。

狐偃的女儿嫁给了赵衰的儿子。赵衰对狐偃的傲慢很反感，就直言相劝。但狐偃不听**劝告**，还当众责骂亲家。赵衰年老体弱，一气之下去世了。赵衰的儿子恨岳父不仁义，决心为父报仇。

第二年，狐偃有事离开都城，临走时说，六月初六一定赶回来过生日。赵衰的儿子**决定**在六月初六杀狐偃为父报仇，

他还把自己的打算告诉了妻子。狐偃的女儿既恨父亲狂妄自大，但又不能对父亲**见死不救**，于是在六月初五跑回娘家，把丈夫的计划告诉了母亲。狐偃的妻子大惊，急忙连夜给狐偃送信。

赵衰的儿子见妻子跑了，知道事情败露，就在家里等狐偃来**收拾**自己。六月初六一早，狐偃亲自来到亲家府上把女婿接回自己府上。在拜寿宴席上，狐偃说："我今年出去赈灾放粮，亲眼看见百姓的疾苦，深知我近年来做事有错。望贤婿不计**仇恨**，与我女儿两相和好！"从此以后，狐偃真心改过，翁婿比以前更加亲近。

为了记住教训，狐偃每年六月初六都要请女儿女婿回家团聚。这件事情**传扬**出去，老百姓纷纷仿效，也都在六月初六接回女儿女婿，图个消仇解怨、免灾去难的吉利。天长日久，就形成了"姑姑节"的习俗。

阅读勇闯关

请将正确答案前的字母填到（　　）内。

第 21 关：

"姑姑节"是哪一天？（　　）

A. 农历六月初六　　B. 农历七月初七　　C. 公历 7 月 7 日

第 22 关：

下列哪句描述是小暑的三候之一？（　　）

A. 一候螳螂生　　B. 二候靡草死　　C. 三候鹰始鸷

诗歌里的节气

cǎi lián qǔ
采 莲 曲

〔唐〕王昌龄

hé yè luó qún yí sè cái　　fú róng xiàng liǎn liǎng biān kāi
荷 叶 罗 裙 一 色 裁，芙 蓉 向 脸 两 边 开。

luàn rù chí zhōng kàn bú jiàn　　wén gē shǐ jué yǒu rén lái
乱 入 池 中 看 不 见，闻 歌 始 觉 有 人 来。

译文： 采莲女孩儿的绿罗裙与荷叶一样翠绿好看，美丽的脸庞掩映在盛开的荷花间。深入莲池中，被荷叶荷花挡住了身影，听到歌声响起才觉察到有人来了。

小暑六月节
xiǎo shǔ liù yuè jié

〔唐〕元 稹

倏忽温风至，因循小暑来。
shū hū wēn fēng zhì　　yīn xún xiǎo shǔ lái

竹喧先觉雨，山暗已闻雷。
zhú xuān xiān jué yǔ　　shān àn yǐ wén léi

户牖深青霭，阶庭长绿苔。
hù yǒu shēn qīng ǎi　　jiē tíng zhǎng lù tái

鹰鹯新习学，蟋蟀莫相催。
yīng zhān xīn xí xué　　xī shuài mò xiāng cuī

译文：忽然之间阵阵温热的风袭来，原来是随着小暑的节气而来。风吹竹林传出哗哗的响声，原来是大雨即将来临，山色灰暗仿佛已经听到了隆隆的雷声。雨后，门窗在云雾里显得颜色很深，台阶上和庭院里的绿苔又长出来了。小鹰刚刚开始练习飞行，蟋蟀你不要叫得那么大声催促它。

民间习俗

1 头伏饺子

小暑节气正是三伏的初伏（也叫头伏），许多地区有"头伏饺子二伏面，三伏烙饼摊鸡蛋"的说法。头伏吃饺子是小麦产区的传统习俗。入伏后天气炎热，人们食欲不振，往往比常日消瘦，就是人们常说的苦夏，而饺子在传统习俗里正是开胃解馋的食物。徐州人入伏吃羊肉，称为"吃伏羊"，这种习俗可上溯到尧舜时期，在民间有"彭城伏羊一碗汤，不用神医开药方"的说法。徐州人对吃伏羊的喜爱有民谣为证："六月六接姑娘，新麦饼羊肉汤。"

② 小暑吃藕

南方民间有小暑吃藕的习惯。藕中含有大量的碳水化合物及丰富的钙、磷、铁和多种维生素及膳食纤维，具有清热、养血、除烦等功效，适合夏天食用。鲜藕以小火煨烂，切片后加适量蜂蜜，可随意食用，有安神助睡眠的功效。

③ 小暑"食新"

过去民间有小暑"食新"的习俗，即在小暑过后尝新米。农民将新割的稻谷碾成米后，做好饭祭祀五谷大神和祖先，然后一家人吃新米饭。城市一般买少量新米与老米同煮，加上新上市的蔬菜等。民间有"小暑吃黍，大暑吃谷"的说法。

大暑

公历／7 月 22、23 或 24 日

大暑在每年的 7 月 22 日至 24 日之间。大暑正值中伏前后，是我国各地一年中最炎热的时期，而且全国各地温差也不大。但也有反常年份，大暑不热，雨水偏多。

大暑节气时，我国除青藏高原及东北北部外，大部分地区天气炎热，35℃的高温司空见惯，长江流域的许多地方，大暑经常出现 40℃高温天气，需要做好防暑降温工作。这个节气雨水也多，有"小暑大暑，淹死老鼠"的谚语。在东南沿海，还时常有台风袭来。

大暑三候：一候腐草为萤，二候土润溽暑，三候大雨时行。大暑时，萤火虫卵化而出，在夜晚飞来飞去。五日后天气开始变得闷热，土地也很潮湿。再过五日，常有大的雷雨出现，这大的雷雨使暑湿减弱，天气开始向立秋过渡。

车胤囊萤的故事

东晋时代，南平郡新洲（今湖南津市）有一个叫车胤的人，他自幼**聪颖**好学，但因家境贫困，没有多余的钱买灯油供他晚上读书。为此，他很苦恼。夏天的一个晚上，他看见许多萤火虫在低空飞舞，一闪一闪的亮光，在黑暗中显得有些**耀眼**。他想，如果把许多萤火虫集中在一起，不就成为一盏灯了吗？于是，他找了一只白绢口袋，抓了十几只萤火虫放在里面，再扎住袋口，把它吊起来。虽然不怎么明亮，但可勉强用来看书了。从此，只要有萤火虫，他就去抓一些来当灯用，自此学识**与日俱增**。

车胤长大后，博学而有智慧。荆州刺史桓温很**赏识**他，召他出来做官。车胤谈吐机敏风趣，在集会上很受人们欢迎，所以每有盛会，桓温和谢安必邀车胤出席。若车胤不在，众人都说"没有车公不快乐"。

东晋朝廷封车胤为中书侍郎、关内侯，还兼任太学的老师，官至吏部尚书。他为人公正，不畏强权，敢于**指责**权臣不合礼法的作为，在朝廷很有威望。后来，车胤因向皇帝举报骄矜放荡的会稽王世子司马元显，被司马元显逼死。他临死前大怒道："我怎么会怕死？我只求用我的死来**揭露**你们这些奸人！"他死后朝廷非常**痛惜**。

阅读勇闯关

请将正确答案前的字母填到（　　）内。

第23关：

下列描述大暑特点的说法正确的是（　　）

A.大暑时期天气还不是最热　　B.大暑是一年中最热的时期

C.大暑时期雨水很少

第24关：

车胤小时候无钱买灯油，晚上读书时用什么照明？（　　）

A.借用别人家的油灯　　B.上邻居家去读书

C.抓萤火虫放到袋子里当灯用

诗歌里的节气

晓出净慈寺送林子方
xiǎo chū jìng cí sì sòng lín zǐ fāng

〔宋〕杨万里

毕竟西湖六月中，
bì jìng xī hú liù yuè zhōng

风光不与四时同。
fēng guāng bù yǔ sì shí tóng

接天莲叶无穷碧，
jiē tiān lián yè wú qióng bì

映日荷花别样红。
yìng rì hé huā bié yàng hóng

译文：六月里西湖的风光到底和其他时节不一样：荷叶铺展开去，与蓝天相连接，一片无边无际的青翠碧绿；荷花正盛开，在阳光辉映下，显得格外红艳。

西江月·夜行黄沙道中
xī jiāng yuè · yè xíng huáng shā dào zhōng

〔宋〕辛弃疾

明月别枝惊鹊，清风半夜鸣蝉。
míng yuè bié zhī jīng què，qīng fēng bàn yè míng chán

稻花香里说丰年，听取蛙声一片。
dào huā xiāng lǐ shuō fēng nián，tīng qǔ wā shēng yí piàn

七八个星天外，两三点雨山前。
qī bā gè xīng tiān wài，liǎng sān diǎn yǔ shān qián

旧时茅店社林边，路转溪桥忽见。
jiù shí máo diàn shè lín biān，lù zhuǎn xī qiáo hū xiàn

译文：皎洁的月光从横斜的树枝间掠过，惊飞了枝头喜鹊，清凉的晚风吹来远处的蝉叫声。在稻花的香气里，传来一阵阵青蛙的叫声，好像在讨论今年是一个丰收的好年景。

在远远的天边有七八个星星闪烁，山前下了一点小雨。从前还在土地庙附近树林旁的小茅屋哪里去了？拐了个弯，茅屋忽然出现在眼前。

民间习俗

① 送"大暑船"

大暑节气送"大暑船"是浙江沿海地区，特别是台州好多渔村的传统习俗。"大暑船"完全按照以前三桅帆船缩小比例后建造，长 8 米，宽 2 米，重约 1.5 吨，船内载各种祭品。活动开始后，50 多名渔民轮流抬着"大暑船"在街道上行进，鼓号喧天，鞭炮齐鸣，街道两旁站满祈福的人。"大暑船"最终被运送至码头，举行一系列祈福仪式。随后，这艘"大暑船"被渔船拉出渔港，然后在大海上点燃，任其沉浮，以此祝福人们五谷丰登，生活安康。

❷ 吃荔枝"过大暑"

福建莆田人在大暑时节有吃荔枝、羊肉和米糟的习俗，叫作"过大暑"。大暑那天，亲友之间常以荔枝、羊肉为礼品互相赠送。

荔枝含有果糖和多种维生素，富有营养价值，吃鲜荔枝可以滋补身体。有人说大暑吃荔枝，其营养价值和人参一样高。温汤羊肉是莆田独特的风味小吃。

❸ 大暑吃"仙草"

广东很多地方在大暑时节有吃仙草的习俗。仙草又名凉粉草、仙人草，是重要的药食两用植物。由于其神奇的消暑功效，被誉为"仙草"。用仙草做成的食物广东一带叫凉粉，是一种消暑的甜品。民谚说：六月大暑吃仙草，活如神仙不会老。

立 秋

公历 / 8月7、8或9日

立秋节气在每年的8月7日至9日之间。"秋"字由"禾"与"火"字组成，是禾谷成熟的意思。立秋是秋季的开始，草木开始结果。秋季是天气由热转凉，再由凉转寒的过渡性季节。到了立秋，梧桐树开始落叶，因此有"一叶知秋"的成语。

　　立秋节气时，我国很多地方仍然处在炎热的夏季之中，尤其是南方。立秋后虽然一时暑气难消，但天气总的趋势是逐渐凉爽，往往是白天很热，而夜晚却比较凉爽。由于全国各地气候不同，秋季真正开始的时间也不一致。长江淮河地区一般要在 9 月中下旬才进入秋天。

　　立秋有三候：一候凉风至，二候白露降，三候寒蝉鸣。立秋后，我国许多地区开始刮偏北风，偏南风逐渐减少，小北风给人们带来了丝丝凉意。由于白天日照仍然很强烈，夜晚刮来的凉风使昼夜温差加大，空气中的水蒸气清晨在室外植物上凝结成了一颗颗晶莹的露珠。这时候的蝉，食物充足，温度适宜，在微风吹动的树枝上得意地鸣叫着，好像告诉人们炎热的夏天过去了。

秋神蓐收
qiū shén rù shōu

蓐收，是中国古代神话传说中掌管秋天事务的秋神（也称金神）。传说蓐收是白帝少昊的儿子，也是他的辅佐神，父子二人一起管理昆仑山以西的地方。

蓐收的母亲梧桐原来是管理四季的神仙，住在能看到日落的渤山。梧桐有一子一女。女儿叫凤凰，继承了母亲的灵动与聪慧；儿子叫蓐收，冷峻好杀伐，被天帝封为秋神和刑罚之神。秋神的左耳上盘着一条蛇，左手拿着一把曲尺，右肩扛着一柄巨斧，乘两条龙出行。蛇寓意着繁衍后代，生生不息；斧象征生杀予夺的权力；曲尺象征裁定人间是非曲直。蓐收被封秋神后，无日无夜，杀伐奸佞、诛灭宵小，尽管伸张了正义，但戾气充盈世间。

天帝得知后，派遣梧桐化作树木下凡，掌管十二月令牌，约束秋神。"梧桐一叶落，天下尽知秋。"立秋日，梧桐落叶就是颁发令牌，秋神得到这令牌才能裁断曲直，决定人的生死。自此，人间处决犯人，都是在梧桐落叶的立秋之后，称为"秋后问斩"。

《国语》中记载，虢国国君有一次梦到一个长着白毛虎爪、扛着大斧子的神仙对他说："你做了很多错事，天帝要把你的国家送给晋国。"虢国国君梦到的这个仙人就是秋神蓐收。没过几年，虢国就被晋国灭掉了。

阅读勇闯关

请将正确答案前的字母填到（　　）内。

第 25 关：

中国古代神话传说中掌管秋天事务的秋神是（　　）

A. 灶王爷　　B. 句芒　　C. 蓐收

第 26 关：

立秋的时间点是（　　）

A. 每年公历 8 月 7—9 日之间　　B. 每年公历 8 月 6—9 日之间

C. 每年公历 8 月 8—9 日之间

诗歌里的节气

秋夕
qiū xī

〔唐〕杜 牧

银 烛 秋 光 冷 画 屏，
yín zhú qiū guāng lěng huà píng

轻 罗 小 扇 扑 流 萤。
qīng luó xiǎo shàn pū liú yíng

天 阶 夜 色 凉 如 水，
tiān jiē yè sè liáng rú shuǐ

坐 看 牵 牛 织 女 星。
zuò kàn qiān niú zhī nǚ xīng

译文：银烛的烛光映着冷清的画屏，一个孤单的宫女手执绫罗小扇扑打萤火虫。夜色清凉如水，宫女坐在石阶上遥看天河两旁的牛郎织女星。

夜书所见
yè shū suǒ jiàn

〔宋〕叶绍翁

萧萧梧叶送寒声，
xiāo xiāo wú yè sòng hán shēng

江上秋风动客情。
jiāng shàng qiū fēng dòng kè qíng

知有儿童挑促织，
zhī yǒu ér tóng tiǎo cù zhī

夜深篱落一灯明。
yè shēn lí luò yì dēng míng

译文： 秋风吹动梧桐树叶发出萧萧之声，送来阵阵寒意。江上秋风吹来，不禁思念起自己的家乡。忽然看到远处篱笆下的一点灯火，料想是孩子们在捉蟋蟀。

民间习俗

❶ 立秋祭礼

立秋，也称七月节，在周代，这一天周天子要亲率三公九卿诸侯大夫，到西郊迎秋，并举行祭祀白帝少昊和秋神蓐收的仪式。迎秋仪式上，车辆、旗帜、服饰都是白色的，要唱《西皞》歌，还要跳八佾舞《育命舞》，天子还要到围场里射杀野兽，来作为祭祀的供品。射杀野兽来祭祀，表示耀武扬威的意思，给国家增加勇武之气。

❷ 食秋桃

在浙江杭州一带有立秋日食秋桃的习俗。每到立秋日，人人都要吃秋桃，桃子吃完要把桃核藏起来，等到除夕，悄悄地把桃核丢进火炉中烧成灰烬，人们认为这样就可以免除一年的疫病。

③ 贴秋膘

"贴秋膘"习俗在北京、河北一带民间流行。民间在立秋这天用秤称人，将体重与立夏时的体重对比来检验肥瘦，体重减轻叫"苦夏"。等秋风一起，胃口大开时，就要吃点好的，补偿夏天的损失，补的办法就是"贴秋膘"：在立秋这天吃各种各样的肉——炖肉、烤肉、红烧肉等，以肉贴膘。

④ 啃秋

城里人在立秋当日买个西瓜回家，全家围着啃，就是啃秋了。而在农村，人们的啃秋则豪放得多。他们在瓜棚里，在树荫下，三五成群，席地而坐，抱着红瓤西瓜啃，抱着绿瓤香瓜啃，抱着白生生的山芋啃，抱着金黄黄的玉米棒子啃。啃秋表达的实际上是一种丰收的喜悦。

处 暑

公历 / 8 月 22、23 或 24 日

处暑节气在每年的 8 月 22 日至 24 日之间。处，是结束的意思，处暑表示炎热的暑天结束，天气将变得凉爽了。随着季节的变化，北半球受太阳照射的时间逐渐减少，白昼越来越短，黑夜越来越长，早晨和夜晚有浓重的凉意，但白天的暑气仍然未减。

处暑期间，真正进入秋季的只是东北和西北地区，这些地区迎来了一年之中最美好的天气——秋高气爽。南方地区往往在处暑尾声，再次感受高温天气，这就是名副其实的"秋老虎"。

我国古代将处暑分为三候：一候鹰乃祭鸟，二候天地始肃，三候禾乃登。处暑节气中老鹰开始大量捕猎鸟类，吃不完的猎物就摆在一起，好像在祭祀上天。"天地始肃"的意思是天地间万物开始凋零。"禾乃登"的"禾"是黍、稷、稻、粱类农作物的总称，"登"是成熟的意思，"禾乃登"就是谷物都成熟了。

处暑与祝融的传说

祝融是炎帝的儿子、精卫的兄长，以"光照万方"深得部族内外的爱戴。最初，精卫因贪玩，在东海淹死，炎帝**悲伤**过度，无心政务，逐渐把部族权力交给了祝融。黄帝部族与炎帝部族合并后，祝融被封为火神（也叫赤帝、夏神），主理夏季和与火有关的事务，成为炎黄部族最主要的管理者。

在其他大臣的配合**帮助**下，祝融的威信日益提高。水神共工嫉妒祝融，心中不平："水火都是人们离不了的，为什么人们亲近祝融，而无视我的存在？"于是共工公开向祝融挑战。两人各使神通，杀得**天昏地暗**，共工战败逃走，撞倒了擎天柱不周山，致使天塌地陷，尸横遍野。

黄帝下令处死祝融。祝融也深悔自己的鲁

mǎng gěi tiān xià dài lái le zāi huò   yú shì qǐng qiú huáng dì liú cún zì
莽给天下带来了灾祸，于是**请求**黄帝留存自
jǐ de hún pò   jì tuō yú hé huā zhī shàng   yán hé piāo liú   zhào lǐng
己的魂魄，寄托于荷花之上，沿河漂流，召领
sǐ nàn de wáng líng   yǐ shú zuì niè   huáng dì yīng yǔn   yīn wèi zhù
死难的亡灵，以赎罪孽。黄帝**应允**。因为祝
róng zhǔ lǐ xià jì   suǒ yǐ chǔ sǐ zhù róng de zhè tiān jiù bèi chēng wéi
融主理夏季，所以处死祝融的这天就被称为
chǔ shǔ   cǐ hòu   měi dào chǔ shǔ zhī rì yè wǎn   rén men dào
"处暑"。此后，每到处暑之日夜晚，人们到
hé biān rán fàng hé dēng   yě jiào hé dēng   gōng qǐng zhù róng hún pò jì
河边燃放荷灯（也叫河灯），恭请祝融魂魄寄
yù hé dēng zhī shàng   yǐ cǐ jì tuō duì gù qù qīn rén de sī niàn
寓荷灯之上，以此寄托对故去亲人的**思念**。
hòu lái   zhè yì xí sú yǎn biàn wéi qī yuè shí wǔ zhōngyuán jié
后来，这一习俗**演变**为七月十五中元节。

阅读勇闯关

请将正确答案前的字母填到（　　）内。

第 27 关：

下列哪句描述是处暑的三候之一？（　　）

A. 一候温风至　　B. 二候土润溽暑　　C. 三候禾乃登

第 28 关：

"处暑"是哪一天？（　　）

A. 处死祝融的那一天　　B. 处死共工的那一天

C. 处死精卫的那一天

诗歌里的节气

初 秋 (chū qiū)

〔唐〕孟浩然

bù jué chū qiū yè jiàn cháng　　qīng fēng xí xí chóng qī liáng

不觉初秋夜渐长，清风习习重凄凉。

yán yán shǔ tuì máo zhāi jìng　　jiē xià cóng suō yǒu lù guāng

炎炎暑退茅斋静，阶下丛莎有露光。

译文：不知不觉就到秋天了，夜也渐渐长了。清凉的风缓缓地吹着，又感到凉爽了。酷热的暑气消退，房子里一片安静。台阶下的草丛有了点点露珠。

山居秋暝
shān jū qiū míng

〔唐〕王　维

空山新雨后，天气晚来秋。
kōng shān xīn yǔ hòu　tiān qì wǎn lái qiū

明月松间照，清泉石上流。
míng yuè sōng jiān zhào　qīng quán shí shàng liú

竹喧归浣女，莲动下渔舟。
zhú xuān guī huàn nǚ　lián dòng xià yú zhōu

随意春芳歇，王孙自可留。
suí yì chūn fāng xiē　wáng sūn zì kě liú

译文：新雨过后山谷里空旷清新，初秋傍晚的天气特别凉爽。明月映照在幽静的松林间，清澈泉水在山石上淙淙流淌。竹林中女孩子们说笑着洗衣归来，莲叶轻摇，有渔船从水上划过。春天的美景虽然已经消歇，眼前的秋景却令人流连。

民间习俗

1 中元节

中元节在农历七月十五日，有些地方在七月十四日，俗称"七月半"或"鬼节"。此时，有若干农作物成熟，民间家家用新米、新果等祭供祖先，向祖先报告秋天的收成。中元节还有放河灯的习俗，既为了怀念逝去的人，也为了祈求实现自己的愿望。

2 吃鸭子

一些地方有处暑吃鸭子的习俗，北京至今还保留着这一习俗。通常处暑当日，北京人会到店里去买处暑百合鸭等。

③ 开渔节

　　对于沿海渔民来说，处暑以后是渔业收获的时节。每年处暑期间，浙江沿海都要隆重举行一年一度的开渔节。这时海域水温依然偏高，鱼群会停留在海域周围，鱼虾贝类也发育成熟。在东海休渔期结束的那一天，人们举行开渔仪式，欢送渔民开船出海。因此，从这一时间开始，人们往往可以享用到种类繁多的海产品。

白露

公历 / 9月7、8或9日

　　白露在每年的9月7日至9日之间。太阳直射点继续南移，白天和夜晚温差加大，夜晚的水汽在地面或花草树木上凝结成小水滴。这些露珠在太阳照射下又白又亮，所以被称为"白露"。清晨有白露出现，表示凉爽的秋天到来了。人们爱用"白露秋风夜，一夜凉一夜"的谚语来形容气温下降速度加快。

　　进入白露节气，北方地区降水减少，天高云淡，气爽风凉，是一年之中最舒适的时节。长江中下游地区常常出现阴雨天气。四川、贵州的一些地方则细雨霏霏、阴雨绵绵，这就是

"华西秋雨"，也叫"秋绵雨"。

古人把白露分为三候：一候鸿雁来，二候玄鸟归，三候群鸟养羞。鸿雁即大雁，玄鸟即燕子。在白露节气，大雁与燕子等候鸟开始飞往南方，不迁徙的鸟则开始贮存干果粮食以备过冬。羞，指美味的食物。养羞，就是储藏食物准备过冬。

大禹治水

在很久以前，中原地带洪水泛滥，淹没了田地和房屋，百姓缺衣少穿，生活困苦。尧派鲧治水，但鲧治水失败了。人们又推荐了鲧的儿子禹，舜就将治水大任交给了禹。

禹带领伯益和后稷，拿着准绳和规矩，跋山涉水，测量高山大河的状貌。然后依据山形走势疏通水道，使得洪水能够平顺地东流入海。他和百姓一起劳动，挖山掘石，披星戴月地苦干。

禹治水讲究智慧，如治理黄河上游的龙

门山就是如此。黄河水被**疏导**到龙门山时，被龙门山挡住了。禹察看了地形，觉得这地方非得凿开不可。禹选择了一个最省工省力的地方，只凿开了一个80步宽的口子，就将水引了过去。因为龙门太高了，许多逆水而上的鱼到了这里就游不过去了。鱼儿们拼命往上跳，但是只有少数鱼能够跳过去，这就是后人所说的"鲤鱼跃龙门"，据说跳过龙门的鱼会变成龙在空中飞舞。

禹花了13年时间，终于**治服**了洪水，百姓又过上了幸福富足的生活。禹在治水过程中，走遍了中原大地，他根据山川地理情况，将中国分为九个州，就是冀州、青州、徐州、兖州、扬州、梁州、豫州、雍州、荆州。因此后人用"九州"代指中国。

人们感念禹的**功绩**，尊他为"大禹"，还修庙筑殿祭祀他，称他为"禹王""禹神"。

阅读勇闯关

请将正确答案前的字母填到（　　）内。

第 29 关：

禹花了多少年终于治服了洪水？（　　）

A.11 年　　　B.13 年　　　C.15 年

第 30 关：

典故"三过家门而不入"指的是谁？（　　）

A. 舜　　B. 鲧　　C. 禹

诗歌里的节气

燕 yān
歌 gē
行 xíng

（三国）曹丕

qiū fēng xiāo sè tiān qì liáng
秋 风 萧 瑟 天 气 凉，

cǎo mù yáo luò lù wéi shuāng
草 木 摇 落 露 为 霜，

qún yàn cí guī yàn nán xiáng
群 燕 辞 归 雁 南 翔。

niàn jūn kè yóu sī duàn cháng
念 君 客 游 思 断 肠，

qiàn qiàn sī guī liàn gù xiāng
慊 慊 思 归 恋 故 乡，

hé wèi yān liú jì tā fāng
何 为 淹 留 寄 他 方？

译文：秋风萧瑟，天气清冷，草木凋落，白露凝霜。燕群辞归，鸿雁南飞。思念出外远游的人啊，我肝肠寸断。游人想念家乡，想要回到家乡，为什么还停留在他方不回来？

118

月夜忆舍弟
yuè yè yì shè dì

〔唐〕杜 甫

戍鼓断人行，边秋一雁声。
shù gǔ duàn rén xíng　biān qiū yí yàn shēng

露从今夜白，月是故乡明。
lù cóng jīn yè bái　yuè shì gù xiāng míng

有弟皆分散，无家问死生。
yǒu dì jiē fēn sàn　wú jiā wèn sǐ shēng

寄书长不达，况乃未休兵。
jì shū cháng bù dá　kuàng nǎi wèi xiū bīng

译文：戍楼上的更鼓声告诉人们夜深了，路上没有了行人，边塞秋夜传来了一声雁鸣。露珠从今夜开始变白（意思是今天是白露节气），月亮还是故乡的最明亮。虽有兄弟但都离散身各一方，已经无法打听到他们的消息。寄往洛阳城的家书常常不能送到，何况战乱频繁还没有停止。

民
间
习
俗

❶ 祭祀禹王

　　江苏太湖地区每逢白露节气会举行隆重的祭祀禹王活动。禹王指治水英雄大禹，禹与尧、舜并称"古圣王"。这一天，人们赶庙会，打锣鼓，跳舞蹈。在山西沿黄河一带，人们也在这一天祭拜禹王。

❷ 吃龙眼

　　福建省福州市有个传统习俗：白露吃龙眼。据说在白露这一天吃龙眼有大补身体的效果。福州人喜欢将剥了皮的龙眼泡在稀饭里吃。龙眼本身有益气补脾、养血安神等多种功效，还对治疗贫血、失眠等多种疾病有帮助，而且白露节气的龙眼个儿大核小、味甜口感好，所以白露吃龙眼再好不过。

❸ 喝白露茶、白露米酒

　　老南京人十分喜欢"白露茶"，此时的茶树经过夏季的酷热，白露前后正是它生长的好时期。白露茶既不像春茶那样鲜嫩，不禁泡，也不像夏茶那样干涩味苦，而是有一种独特甘醇的清香味，尤受老茶客喜爱。江苏、浙江一带乡间还有酿白露酒的习俗。白露酒用糯米、高粱等五谷酿成，略带甜味，名为"白露米酒"。每年白露一到，家家酿酒，用来招待客人。

秋 分

公历 / 9 月 22、23 或 24 日

　　秋分在每年的 9 月 22 日至 24 日之间。秋分这一天，日光直射点回到赤道，昼夜等长。秋季从立秋开始，到霜降结束，秋分正好是秋季 90 天的一半。秋分之后，阳光直射的位置继续向南半球推移，北半球白天逐渐变短，黑夜变长，直至冬至日达到黑夜最长，白天最短。秋分之后，昼夜温差更大，气温逐日下降，逐渐步入深秋季节。

经过一个春夏的辛勤劳作之后，人们迎来了瓜果飘香、作物成熟的收获季节。辽阔的东北平原开始收获大豆、谷子、水稻和高粱。西北、华北地区的玉米、白薯等作物正在成熟，棉花产区也进入了采摘阶段。这时的田野，一眼望去，一派丰收景象。

秋分三候：一候雷始收声，二候蛰虫坯户，三候水始涸。秋分后下雨时，不再打雷了。第二候中的"坯"字是细土的意思，是说由于天气变冷，蛰居的小虫开始藏入穴中，并且用细土将洞口封起来以防寒气侵入。"水始涸"是说此时降雨量开始减少，由于天气干燥，一些沼泽及水洼处便干涸了。

嫦娥奔月

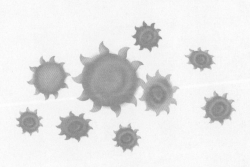

射日英雄后羿射下九个太阳后，受到百姓的尊敬和爱戴，不少志士慕名前来投师学艺，奸诈的逢蒙也混了进来。

一天，后羿到昆仑山巧遇西王母，便向西王母求得一颗不死药。据说，服下此药，能即刻升天成仙。然而，后羿舍不得撇下妻子嫦娥，便把不死药交给妻子珍藏。这事不巧被逢蒙看到了。

三天后，后羿率众徒外出狩猎，逢蒙假装生病，留了下来。待众人走后，逢蒙闯入内宅，威逼嫦娥交出不死药。嫦娥知道自己不是逢蒙的对手，危急之时她拿出不死药一口吞了下去。嫦娥吞下药，身子立刻

piāo lí dì miàn, xiàng tiān shàng fēi
飘离地面，向天上飞
qù。 cháng é qiān guà zhe zhàng
去。嫦娥牵挂着丈
fu, biàn fēi luò dào lí rén jiān
夫，便飞落到离人间
zuì jìn de yuè liang shang chéng
最近的月亮上成
le xiān
了仙。

bàng wǎn, hòu yì huí
傍晚，后羿回
dào jiā, shì nǚ kū sù le
到家，侍女哭诉了
bái tiān fā shēng de shì。 hòu yì
白天发生的事。后羿
jì jīng yòu nù, dàn páng méng zǎo táo zǒu le。 bēi tòng yù jué de hòu
既惊又怒，但逢蒙早逃走了。悲痛欲绝的后
yì fā xiàn tiān shàng de yuè liang gé wài jiǎo jié míng liàng, ér qiě yuè liang
羿发现天上的月亮格外皎洁明亮，而且月亮
shang yǒu gè huàng dòng de shēn yǐng kù sì cháng é。 tā jí máng bǎi shàng
上有个晃动的身影酷似嫦娥。他急忙摆上
xiāng àn, fàng shàng cháng é zuì ài chī de xiān guǒ diǎn xin, yáo jì zài
香案，放上嫦娥最爱吃的鲜果点心，遥祭在
yuè gōng li juàn liàn zhe zì jǐ de qī zi。
月宫里眷恋着自己的妻子。

bǎi xìng men wén zhī cháng é bēn yuè chéng xiān de xiāo xi hòu, fēn
百姓们闻知嫦娥奔月成仙的消息后，纷
fēn zài yuè xià bǎi shè xiāng àn, xiàng shàn liáng de cháng é qí qiú jí
纷在月下摆设香案，向善良的嫦娥祈求吉
xiáng píng ān。 cóng cǐ, zhōng qiū jié bài yuè de fēng sú jiù zài mín jiān
祥平安。从此，中秋节拜月的风俗就在民间
chuán kāi le。
传开了。

阅读勇闯关

请将正确答案前的字母填到（　　　）内。

第31关：

下列哪个是中秋节习俗？（　　　）

A. 吃龙眼　　B. 祭月　　C. 啃秋

第32关：

秋分是哪一天？（　　　）

A. 每年公历 8 月 7—9 日之间　　B. 每年公历 9 月 22—23 日之间

C. 每年公历 9 月 22—24 日之间

诗歌里的节气

秋词
qiū cí

〔唐〕刘禹锡

自古逢秋悲寂寥，我言秋日胜春朝。
zì gǔ féng qiū bēi jì liáo wǒ yán qiū rì shèng chūn zhāo

晴空一鹤排云上，便引诗情到碧霄。
qíng kōng yí hè pái yún shàng biàn yǐn shī qíng dào bì xiāo

译文：自古以来，骚人墨客都悲叹秋天萧条，我却说秋天远远胜过春天。秋日晴空里，一只仙鹤排开云层扶摇直上，便引发我的诗情飞上云霄。

子夜吴歌·秋歌

〔唐〕李 白

长安一片月，万户捣衣声。

秋风吹不尽，总是玉关情。

何日平胡虏，良人罢远征？

译文：秋月皎洁，照得长安城一片光明，家家户户传来捣衣声。任凭秋风吹也吹不尽，总是牵挂玉关的亲情。何时才能平息边境战争，让夫君结束漫长征途回家呢？

① 祭月

　　秋分曾是传统的"祭月节"。早在周朝，就有帝王春分祭日、夏至祭地、秋分祭月、冬至祭天的习俗。祭祀的场所分别称为日坛、地坛、月坛、天坛，分设在都城的东南西北四个方向。最初"祭月节"定在秋分这一天，但由于秋分日不一定都有圆月，而祭月时月不圆是很令人遗憾的，所以后来就将祭月节由秋分改为农历八月十五，就是现在的中秋节。祭月时，要摆上月饼、西瓜、葡萄等祭品，还要焚香，全家人依次祭拜月亮，祈求全家团圆、心愿达成。

❷ 秋分吃秋菜

在岭南地区有个习俗，叫"秋分吃秋菜"。"秋菜"
是一种野苋菜，也叫秋碧蒿。秋分那天，全村人都去采摘秋
菜。采回的秋菜一般与鱼片"滚汤"，名曰"秋汤"。有顺
口溜道："秋汤灌脏，洗涤肝肠。阖家老少，平安健康。"
从春菜到秋菜，人们祈求的都是家宅安宁，身体康健。

❸ 秋分投壶

投壶是古代秋分节气期间人们宴饮
时盛行的游戏。投壶的方法：摆放一个
壶，人们依次向壶内投箭矢。胜者倒酒
给败者喝。和射箭不同的是，投壶用手掷，
命中的是壶而不是靶。而投壶技巧娴熟
的人，往往心手相应。

寒 露

公历 / 10 月 7、8 或 9 日

每年的 10 月 7 日至 9 日之间是寒露节气。寒露的意思是气温比白露时更低，地面的露水快要凝结成霜了。白露、寒露、霜降三个节气，都表示水汽凝结现象，而寒露是气候从凉爽到寒冷的过渡。

寒露时节，我国大部分地区雨季结束，天气常常昼暖夜凉，晴空万里，一派深秋景象。南方大部分地区气温继续下降，东北和西北地区已进入或即将进入冬季，而西北高原除了少数河谷低地以外，已是千里霜铺、万里雪飘的冬季了。

寒露三候：一候鸿雁来宾，二候雀入大水为蛤，三候菊有黄华。从白露开始，大雁一队接着一队往南飞，寒露节气往南飞的应是最后一批了。先来为主，后来为宾。这最后到达的雁群就是先到达雁群的宾客了。深秋天寒，雀鸟都不见了，古人看到海边突然出现很多蛤蜊，并且蛤蜊的条纹及颜色与雀鸟很相似，所以便以为是雀鸟变成的。"菊有黄华"是说在此时菊花已普遍开放。

桓景斗瘟魔

微信扫码
配套音频 趣味动画
写作指导 名著导读

相传在东汉时期，汝河有个瘟魔，它一出现，就给附近的村庄带来瘟疫。这一带的百姓恨透了瘟魔。

一场瘟疫夺走了青年桓景的父母，他自己也差点儿丧了命。病愈之后，他决心出去访仙学艺，为民除掉瘟魔。桓景访遍各地，终于打听到东方一座最古老的山上有一个法力无边的费长房仙长。桓景磨破了无数双鞋，翻过了无数座山，终于找到了那座高山，找到了费长房仙长。仙长被他的精神所感动，收了他做徒弟，教给他降妖剑术，还赠他一把降妖宝剑。桓景废寝忘食苦练，终于练就了一身非凡的武艺。

这一天费长房把桓景叫到跟前说："明天是九月初九，瘟魔又要出来作恶，你本领已经学成，应该回去为民除害了。"

他送给桓景一包茱萸叶，一坛菊花酒，让桓景骑着仙鹤赶回家去。

桓景回到家乡，在九月初九的早晨，按仙长的叮嘱把乡亲们领到附近的一座山上，发给每人一片茱萸叶，一盅菊花酒，做好了降魔的准备。中午时分，随着几声怪叫，瘟魔冲出汝河。瘟魔刚扑到山下，突然闻到阵阵茱萸奇香和菊花酒气，便戛然止步，脸色突变。这时桓景手持降妖宝剑追下山来，没几个回合就把瘟魔刺死在剑下。从此九月初九登高的风俗便年复一年地流传下来。

阅读勇闯关

请将正确答案前的字母填到（   ）内。

第33关：

下列哪句描述是寒露的三候之一？（   ）

A. 一候鸿雁来宾   B. 二候蛰虫坯户   C. 三候群鸟养休

第34关：

登高的习俗是哪一天？（   ）

A. 九月初七   B. 六月初六   C. 九月初九

诗歌里的节气

jiǔ yuè jiǔ rì yì shān dōng xiōng dì
九月九日忆山东兄弟

〔唐〕王 维

dú zài yì xiāng wéi yì kè   měi féng jiā jié bèi sī qīn
独在异乡为异客，每逢佳节倍思亲。

yáo zhī xiōng dì dēng gāo chù   biàn chā zhū yú shǎo yì rén
遥知兄弟登高处，遍插茱萸少一人。

译文： 一个人独自在他乡漂泊，每逢节日加倍思念远方的亲人。

遥想兄弟们今日登高望远时，头上插满茱萸只少我一人。

mù jiāng yín
暮 江 吟

〔唐〕白居易

yí dào cán yáng pū shuǐ zhōng
一 道 残 阳 铺 水 中，

bàn jiāng sè sè bàn jiāng hóng
半 江 瑟 瑟 半 江 红。

kě lián jiǔ yuè chū sān yè
可 怜 九 月 初 三 夜，

lù sì zhēn zhū yuè sì gōng
露 似 真 珠 月 似 弓。

译文：一道夕阳的光辉铺在江面上，江水一半呈现出深深的碧色，一半呈现出红色。最可爱的是那九月初三夜晚，露珠似颗颗珍珠，皎皎新月形如弯弓。

135

民间习俗

1 登高

　　我国自古就有重阳节登高望远的习俗。古代人们登高时还要插上茱萸，认为这样可以赶走疫病，健康平安。现在的人们仍然喜欢在寒露前后登高，此时登山，主要是为了观赏深秋山中红叶如火、层林尽染的美丽景色。

② 吃花糕

一些地区有重阳节登高吃花糕的习俗。因"高"与"糕"谐音，重阳花糕寓意"步步高升"。花糕主要有糙花糕、细花糕和金钱花糕。

③ 赏菊、饮菊花酒

重阳节时菊花盛开，人们除了出门赏菊，还有饮菊花酒的习俗。菊花酒是由菊花加糯米、酒曲酿制而成，古称"长寿酒"，味道清凉甜美，有养肝、明目、健脑、除秋燥、延缓衰老等功效。

霜 降

公历 / 10月23或24日

　　每年的10月23日至24日之间是霜降节气。霜降是天气渐冷、初霜出现的意思。深秋的夜晚，温度会骤然下降到0℃以下，空气中的水蒸气在地面或植物上直接凝结形成白色细小的冰针，或形成六角形的霜花。霜降是秋季的最后一个节气，也意味着冬天就要来临了。

　　秋季出现的第一次霜称为初霜，最早见霜的是大兴安岭北部，一般8月底便可见霜。黄河流域在霜降期间见到初霜，青藏高原上的一些地方即使在夏季也有霜雪，而西双版纳、海南和台湾南部及南海诸岛则是没有霜降的地方。

　　我国古代将霜降分为三候：一候豺乃祭兽，二候草木黄落，三候蛰虫咸俯。豺狼开始大量捕获猎物，把吃不完的猎物摆放在一起（类似的还有"鹰祭鸟""獭祭鱼"等）。大地上草木枯黄，落叶纷纷。昆虫们也都回到洞中不动不食，垂下头来进入冬眠状态。

霜降吃柿子的传说

明朝的开国皇帝朱元璋，小的时候家中十分贫困，经常吃了上顿没下顿，只好四处讨饭。有一年霜降日，已经几天没吃饭的朱元璋饿得两眼发黑，幸好看到路边一棵老柿树上结满了红彤彤的柿子。他使出浑身力气爬到树上，吃了一顿柿子大餐，这才捡回一条小命，而且一整个冬天没有流鼻涕，也没有裂嘴唇。

几年后，朱元璋成为起义军首领，但他不懂得怎样管理军队，很是烦恼。一天晚上，朱元璋睡觉梦到一位神仙站在柿子树下，对他说："柿子救命，士子治国。"不久，朱元璋攻下定远城，当他见到定远城中的名士李善长时，猛然想起那个奇怪的梦，马上重用了李善长。李善长果然没有辜负朱元璋，帮助朱元璋的军队很快发展起来。

洪武三年（1370），朱元璋大封功臣。他想加封李善长为公爵，但又担心武将们反对，便想试探一下。又是一个霜降日，朱元璋带领徐达等一班开国武将来到老柿树下，给大家讲了自己吃柿子救命的往事，讲到动情处，解下自己身上的大红斗篷，披在柿子树上，说："柿子救命，士子治国，柿子当封凌霜侯！"诸位武将被朱元璋感动，并没有提出异议。第二天，朱元璋颁下诏书，加封李善长、徐达、常茂等六人为公爵，李善长居首位。后来，"柿子救命"的说法延续下来，霜降日吃柿子，也成为霜降节气最重要的民俗。

阅读勇闯关

请将正确答案前的字母填到（　　）内。

第35关：

秋季的最后一个节气是（　　）

A. 霜降　　B. 寒露　　C. 秋分

第36关：

下列哪个是霜降日的习俗？（　　）

A. 吃花糕　　B. 吃柿子　　C. 吃鸭子

诗歌里的节气

shān xíng
山 行

〔唐〕杜 牧

yuǎn shàng hán shān shí jìng xié　　bái yún shēng chù yǒu rén jiā
远 上 寒 山 石 径 斜 ，白 云 生 处 有 人 家 。

tíng chē zuò ài fēng lín wǎn　　shuāng yè hóng yú èr yuè huā
停 车 坐 爱 枫 林 晚 ，霜 叶 红 于 二 月 花 。

译文：一条弯弯曲曲的小路蜿蜒伸向山顶，在白云飘浮的地
方有几户人家。停下来欣赏这枫林的景色，那火红的枫叶比江南
二月的花还要红。

蒹 葭
《诗经》

蒹葭苍苍，白露为霜。
所谓伊人，在水一方。
溯洄从之，道阻且长。
溯游从之，宛在水中央。

译文：河边芦苇青苍苍，深秋露水结成霜。意中之人在何处？就在河水那一方。逆着流水去找她，道路险阻又漫长。顺着流水去找她，仿佛在那水中央。

1 吃柿子

南方一些地方在霜降要吃红柿子，认为这样可以御寒保暖、强壮筋骨。福建泉州地区有谚语：霜降吃灯柿，不会流鼻涕。意思说霜降吃红柿子，冬天不会感冒流鼻涕。还有一种说法：霜降这天要吃柿子，不然冬天嘴角会裂开。柿子一般在霜降前后完全成熟，这时候的柿子皮薄肉鲜味美，营养价值高。但是柿子不能多吃，尤其不能空腹吃。

②霜降进补

闽南和台湾的民间在霜降这一天要进食补品，也就是北方常说的"贴秋膘"。闽南有一句谚语，叫作"一年补通通，不如补霜降"。因此，每到霜降时节，闽南地区的鸭子就会卖得非常火爆。另有一些地方到了霜降这天一定要吃些牛肉。山东的农谚更有意思：处暑高粱白露谷，霜降到了拔萝卜。看来还真是"霜降到，鸭补火，牛肉萝卜齐上桌"。

③赏菊

古有"霜打菊花开"的说法，霜降时节正是秋菊盛开的时候，我国很多地方在这时要举行菊花会，赏菊饮酒，以示对菊花的崇敬和喜爱。

立 冬

公历 / 11月7或8日

每年的11月7日至8日之间是立冬节气。立冬表示冬季开始了，人们都懂得"秋收冬藏"的含义，在冬天来临之前，把成熟的粮食和蔬菜瓜果都收进仓库储存起来，准备在漫长的冬天食用。许多动物藏起来准备冬眠。

立冬节气后，北半球获得的太阳热量越来越少，气温下降较快，南北温差加大。北方已是"水始冰，地始冻"的冬天，而华南地区则是风和日丽、温暖舒适的"小阳春"天气。

我国古代将立冬分为三候：一候水始冰，二候地始冻，三候雉入大水为蜃。立冬节气时气温降得很低了，水已经能结成冰。土地也渐渐冻结，地面变得硬邦邦的。"雉入大水为蜃"中的"雉"指野鸡一类的大鸟，"蜃"是大蛤，立冬后，野鸡一类的大鸟便不多见了，而海边却可以看到外壳与野鸡的线条及颜色相似的大蛤，古人认为雉到立冬后便变成大蛤了。

至圣先师孔子

很多地方有立冬拜师的习俗，拜师礼仪中，最先拜的是孔子。孔子被中国人尊为"至圣先师"，每个中国人都从他那里学到做人做事的道理。

孔子从小家境贫寒，但他勤奋好学，二十岁就以博学多才闻名。孔子在鲁国做过管理仓库和牧场的小官，也做过司空、司寇和代理宰相这样的大官，无论小事还是大事，他都做得很出色。但是鲁国的执政者德行不好，让孔子很失望，于是他离开鲁国，开始周游列国。孔子周游列国的时候，受到很多国君的礼遇，甚至有国君想要封地给他，但由于孔子坚持的政治理想与当时执政者追求的"霸道"不相符合，历经十四年都没有得到重用。后来

kǒng zǐ bèi yíng huí lǔ guó　　zūn wéi guó lǎo　　kǒng zǐ huí dào lǔ guó yǐ
孔子被迎回鲁国，尊为国老。孔子回到鲁国以

hòu zhuān xīn jiāo shū yù rén　　bìng zhěng lǐ gǔ dài diǎn jí
后专心教书育人，并整理古代典籍。

　　kǒng zǐ wéi rén shī biǎo　　dàn tā bìng bú shì yí gè gǔ bǎn de
　　孔子为人师表，但他并不是一个古板的

rén　　ér shì yí gè hěn yǒu yōu mò gǎn de rén　　kǒng zǐ zài zhèng guó
人，而是一个很有幽默感的人。孔子在郑国

shí　　yǔ dì zǐ shī sàn　　yǒu rén gào su kǒng zǐ de xué shēng zǐ
时，与弟子失散。有人告诉孔子的学生子

gòng　　　　dōng mén yǒu yí gè xiàng sàng jiā zhī quǎn de rén　　kě néng shì
贡："东门有一个像丧家之犬的人，可能是

nǐ men yào zhǎo de fū zǐ　　　dì zǐ men zhōng yú zhǎo dào kǒng zǐ
你们要找的夫子。"弟子们终于找到孔子，

bìng jiāng nà ge rén de huà jiǎng gěi kǒng zǐ tīng　　kǒng zǐ tīng le xiào dào
并将那个人的话讲给孔子听。孔子听了笑道：

　shuō wǒ de yàng zi xiàng sàng jiā zhī quǎn　　tā shuō de hěn duì a
"说我的样子像丧家之犬，他说得很对啊！"

阅读勇闯关

请将正确答案前的字母填到（　　）内。

第 37 关：

立冬拜师的礼仪中，最先拜的是谁?（　　）

A. 老子　　B. 孟子　　C. 孔子

第 38 关：

立冬的时间点是（　　）

A. 每年公历 11 月 7—9 日之间　　B. 每年公历 11 月 7—8 日之间

C. 每年公历 11 月 8—9 日之间

诗歌里的节气

dōng jǐng
冬 景

〔宋〕苏 轼

hé jìn yǐ wú qíng yǔ gài
荷 尽 已 无 擎 雨 盖，

jú cán yóu yǒu ào shuāng zhī
菊 残 犹 有 傲 霜 枝。

yì nián hǎo jǐng jūn xū jì
一 年 好 景 君 须 记，

zuì shì chéng huáng jú lù shí
最 是 橙 黄 橘 绿 时。

译文：荷花凋谢，连那擎雨的荷叶也枯萎了，只有那开败的菊花的花枝还傲寒斗霜。你一定要记住一年中最好的光景，就是橙子金黄、橘子青绿的秋末冬初时节。

别董大
bié dǒng dà

〔唐〕高 适

千里黄云白日曛，
qiān lǐ huáng yún bái rì xūn

北风吹雁雪纷纷。
běi fēng chuī yàn xuě fēn fēn

莫愁前路无知己，
mò chóu qián lù wú zhī jǐ

天下谁人不识君。
tiān xià shuí rén bù shí jūn

译文：黄昏的落日使千里浮云变得暗黄。北风劲吹，大雪纷纷，雁儿南飞。不要担心前方的路上没有知己，普天之下还有谁不知道您呢?

民间习俗

① 立冬节

立冬与立春、立夏、立秋合称"四立"，在古代是四个重要的节日。古时立冬日，天子亲率三公九卿到北郊迎冬，祭祀冬神玄冥，祈求来年风调雨顺。迎冬回来以后，天子要给群臣赐冬衣，抚恤孤寡老人，还要奖赏为保卫国家牺牲的将士的子孙，请死者保佑生灵，鼓励民众抵御外敌。民间则祭祀祖先，并祈求上天赐给来年的丰收。

② 立冬拜师

古代有"冬之始，拜师学艺之时"的说法。立冬后，农事忙完了，各城镇乡村学校的管理人员带领家长和学生，端上方盘（盘中放四碟菜、一壶酒、一只酒杯），提着果

品和点心到学校去慰问老师，叫作"拜师"。有些老师，
在立冬这天设宴招待前来拜师的学生，在庭房挂孔子像，
上书"大哉至圣先师孔子"。学生在孔子像前行跪拜礼，
然后向老师请安。礼毕，学生分头在老师家中做一些家
务活。

③ 立冬进补

　　民间有"入冬日补冬"的食俗，就是在这一天要吃
点好的，既奖赏自己一年的辛劳，也为了补养身体，为
度过严冬做准备。因各个地方的物产不同，人们在立冬
日进补也是吃得五花八门。北方人大多在立冬这天吃饺
子，而在南方，人们吃鸡鸭鱼肉
等。在台湾，立冬这天人们
吃姜母鸭、麻油鸡、羊
肉炉等荤食。

小雪

每年的 11 月 22 日或 23 日是小雪节气。进入小雪节气，中国广大地区开始刮西北风，气温下降，逐渐降到 0℃ 以下，虽然开始降雪，但雪量不大，故称小雪。这时，万物失去生机，大地逐渐转入严冬。

小雪节气，黄河以北地区和东部会出现入冬第一次降雪，提醒人们该御寒保暖了。南方地区北部开始进入冬季，"荷尽已无擎雨盖，菊残犹有傲霜枝"，已呈初冬景象。在小雪节气初，东北土壤冻结深度已达 10 厘米，往后差不多一昼夜多冻结 1 厘米，到小雪节气末便冻结了1米多，所以俗话说"小雪地封严"，之后大小江河陆续封冻。

我国古代将小雪分为三候：一候虹藏不见，二候天升地降，三候闭塞而成冬。由于气温降低，北方开始下雪，不再下雨了，彩虹也就看不见了。又因天空阳气上升，地面阴气下降，导致阴阳不交，天地不通，所以万物失去生机，天地闭塞而转入寒冷的冬天。

程门立雪

宋代的杨时，从小**勤奋好学**。长大后考中了进士，但他仍然到处拜师求教，勤学不辍。他先拜著名学者程颢为师，程颢去世后，他又到程颐身边求教。

有一年冬天，杨时与他的学友对一个问题产生了不同**看法**，为了求得正确答案，就去向程颐请教。到了程颐家，程颐的书童告诉他，先生正在书房小睡，让他过两天再来。

杨时为了尽快**解决**心中的疑问，坚持在书房的门外等候先生醒来。

他等了一会儿，天上就下起雪来。

děng chéng yí xǐng lái　　shū tóng bǎ yáng shí zài mén wài mào xuě jìng
等 程 颐 醒 来 ， 书 童 把 杨 时 在 门 外 冒 雪 静

hòu xiān sheng de qíng xing xiàng chéng yí bǐng bào　chéng yí yì tīng　　mǎ
候 先 生 的 情 形 向 程 颐 禀 报 。 程 颐 一 听 ， 马

shàng qǐng yáng shí jìn lái　　zhè shí wài miàn de xuě yǐ jīng jī le yì chǐ
上 请 杨 时 进 来 。 这 时 外 面 的 雪 已 经 积 了 一 尺

duō shēn le　　　ér yáng shí réng rán yí dòng bú dòng de zhàn zài nà lǐ
多 深 了 ， 而 杨 时 仍 然 一 动 不 动 地 站 在 那 里 。

hòu lái　　yáng shí chéng wéi sòng dài zhù míng de lǐ xué jiā　hěn
后 来 ， 杨 时 成 为 宋 代 著 名 的 理 学 家 ， 很

duō xué zǐ bù yuǎn qiān lǐ gǎn lái gēn suí tā xué xí　　chéng mén lì
多 学 子 不 远 千 里 赶 来 跟 随 他 学 习 。 " 程 门 立

xuě　　de gù shi yě chéng wéi zūn shī zhòng dào de qiān gǔ měi tán
雪 " 的 故 事 也 成 为 尊 师 重 道 的 千 古 美 谈 。

阅读勇闯关

请将正确答案前的字母填到（　　）内。

第 39 关：

典故 " 程 门 立 雪 " 是 指 谁 尊 师 重 道 ？ （　　）

A. 程颐　B. 杨时　C. 程颢

第 40 关：

下列哪句描述是小雪的三候之一？ （　　）

A. 一候虹藏不见　B. 二候地始冻　C. 三候蛰虫咸俯

wèn liú shí jiǔ

问刘十九

〔唐〕白居易

lǜ yǐ xīn pēi jiǔ
绿蚁新醅酒，
hóng ní xiǎo huǒ lú
红泥小火炉。
wǎn lái tiān yù xuě
晚来天欲雪，
néng yǐn yì bēi wú
能饮一杯无？

译文：我家新酿的米酒酒面上泛起一层绿泡，香气扑鼻。用红泥烧制成的烫酒用的小火炉也已准备好了。天色阴沉，看样子晚上将要下雪，能否留下与我共饮一杯？

咏廿四气诗·小雪十月中

〔唐〕元 稹

莫怪虹无影，如今小雪时。

阴阳依上下，寒暑喜分离。

满月光天汉，长风响树枝。

横琴对渌醑，犹自敛愁眉。

译文：请你不要责怪彩虹不见了踪影，那是因为如今已经到了小雪时节。这个时候，阴气沉降，阳气上升，寒气到来，暑气逃离，似乎彼此互不相干。月光清冷洒满天际，从西北方向吹来的猎猎寒风，使劲儿摇晃着树枝，发出阵阵响声。朋友们抚琴、品酒，敛锁眉头，期盼着春天到来。

159

1 腌制腊肉

民间有"冬腊风腌，蓄以御冬"的习俗。小雪后气温急剧下降，天气变得干燥，是加工腊肉的好时候。小雪节气后，一些农家开始动手做香肠、腊肉，等到春节时正好享受美食。

2 品尝糍粑

在南方某些地方，有农历十月吃糍粑的习俗。糍粑是用糯米蒸熟捣烂后制成的一种食品，是中国南方一些地区流行的美食。古时候，糍粑是传统的节日祭品，最早是农民用来祭牛神的供品。有俗语说"十月朝，糍粑禄禄烧"，就是指的祭祀事件。

❸ 吃刨汤

　　小雪前后，土家族又开始了一年一度的"杀年猪，迎新年"的民俗活动，给寒冷的冬天增添了热烈的气氛。吃刨汤，是土家族的风俗习惯，在"杀年猪，迎新年"活动中，用热气尚存的新鲜猪肉，精心烹饪而成的美食称为"刨汤"。

大 雪

公历 / 12月6、7或8日

　　大雪节气在每年的12月6日至8日之间。到了这个时段，雪往往下得大，范围也广，故名大雪。这时我国大部分地区的最低温度都降到了0℃或以下。大雪和小雪、雨水、谷雨等节气一样，都是直接反映降水的节气。

　　大雪时节，除华南和云南南部无冬区外，我国辽阔的大地上都已披上了冬日盛装。黄河流域的地面渐渐有积雪，而在更北的地方，则已是"千里冰封，万里雪飘"的北国风光了。在南方，特别是广州及珠江三角洲一带，依然草木葱茏，与北方的气候相差很大。南方地区冬季气候温和而少雨雪，地面积雪几年难见到一次。

我国古代将大雪分为三候：一候鹖旦不鸣，二候虎始交，三候荔挺出。大雪节气时，因天气寒冷，鹖旦鸟，就是寒号鸟也不再叫了。由于此时是阴气最盛时期，正所谓盛极而衰，阳气已有所萌动，所以老虎开始有求偶行为。荔是兰草的一种，也感受到阳气的萌动而抽出新芽。

寒号鸟的故事

▶微信扫码◀
配套音频　趣味动画
写作指导　名著导读

在山脚下，有一堵石崖，石崖上有个缝，寒号鸟就住在这个石缝里。石崖的前面有一条河，河边长着一棵大杨树，树上住着一只喜鹊。这样，寒号鸟和这只喜鹊便成了邻居。

不久，秋天到了，树叶落了，天渐渐冷了。有一天，天气晴朗，喜鹊一大早就飞出去，东奔西找，衔回来一些枯枝，忙着垒巢。而寒号鸟只知道整天飞出去玩儿，玩儿累了，就回来睡觉。喜鹊告诉他说："寒号鸟，别睡觉，趁天晴，赶快垒窝。"寒号鸟躺在崖缝里对喜鹊说："不要吵，现在暖和，正好睡觉。"

没多久，冬天到了。北风呼呼地刮着，喜鹊住在温暖的窝里，而寒号鸟住的崖缝里冷得厉害，冻得寒号鸟缩成一团，**悲哀**地说："明天一定垒窝！明天一定垒窝！"可是，到了第二天，风停了，太阳暖烘烘的，寒号鸟又飞出去玩儿了。于是，喜鹊又来劝寒号鸟："赶快垒窝，赶快垒窝！"寒号鸟还是得过且过，听不进喜鹊的**劝说**。

不久，到了大雪时节，漫山遍野一片雪白，北风呼叫着，河水冻成了冰。喜鹊住在温暖的窝里，而寒号鸟冻得**哆哆嗦嗦**，嘴里不住地说："明天就垒窝，明天就垒窝。"

天亮了，太阳普照大地，喜鹊呼唤寒号鸟，但是寒号鸟没有了声音，可怜的寒号鸟在夜里被冻死了。

阅读勇闯关

请将正确答案前的字母填到（　　）内。

第 41 关：

下列哪个故事与《寒号鸟的故事》具有相似之处？（　　）

A. 画饼充饥　　B. 知错就改　　C. 亡羊补牢

第 42 关：

大雪的时间点是（　　）

A. 每年公历 12 月 7—9 日之间　　B. 每年公历 12 月 6—8 日之间

C. 每年公历 12 月 8—9 日之间

诗歌里的节气

江 雪 (jiāng xuě)

〔唐〕柳宗元

qiān shān niǎo fēi jué　　wàn jìng rén zōng miè

千 山 鸟 飞 绝 ， 万 径 人 踪 灭 。

gū zhōu suō lì wēng　　dú diào hán jiāng xuě

孤 舟 蓑 笠 翁 ， 独 钓 寒 江 雪 。

译文：所有的山上都没有飞鸟的身影，所有的道路都不见人的踪迹。江面孤舟上，一位披蓑衣戴斗笠的老翁，独自在大雪覆盖的寒冷江面上垂钓。

夜 雪

〔唐〕白居易

已讶衾枕冷，复见窗户明。

夜深知雪重，时闻折竹声。

译文：睡到半夜觉得枕头和被子冰冷，不由得让人惊讶，又看见窗外特别明亮，才知道下雪了。夜深的时候就知道雪下得很大，是因为不时能听到雪把竹枝压断的声音。

① 小雪腌菜，大雪腌肉

老南京有句俗语：小雪腌菜，大雪腌肉。大雪节气一到，家家户户忙着腌制"咸货"。无论是肉、禽，还是海鲜，用传统的制作方法，将新鲜的原料加工成香气逼人的美食，以迎接即将到来的新年。大雪腌肉的习俗跟"年"的传说有关。传说"年"是长着尖角的凶猛怪兽，长年深居海底，但每到除夕，都会爬上岸来伤人。人们为了躲避伤害，每到年底就足不出户，于是想出了将肉食品腌制存放的方法。

② 观河捕鱼

到了大雪节气，很多河流出现了封冻现象，人们可以在岸上欣赏封河风光。同时大雪时节也是捕获乌鱼的好时节。谚语"小雪小到，大雪大到"是指从小雪时节，乌鱼群就慢慢进入台湾海峡，到了大雪时节因为天气越来越冷，乌鱼群沿水温线向南洄游，汇集的乌鱼越来越多，整个台湾西部沿海都可以捕获乌鱼，产量非常高。

③ 冬天进补，开春打虎

大雪是进补的好时节，有"冬天进补，开春打虎"
的说法。但不要一味地补充有营养的食物，要根据地域、
天气吃不同的食物。江南不太冷的地方适合用鸭、鱼温
补；北方气候寒冷，可以用羊肉、牛肉补充身体元气，
增强御寒能力。如果天气持续干燥，还要在滋补时增加
冰糖、百合等甘润的食物，以起到"灭火器"的作用，
防止身体上火。大雪节气前后，柑橘类水果大量上市，
适当吃一些可以防治鼻炎、消痰止咳。

冬 至

　　冬至在每年的 12 月 21 日至 23 日之间。"至"是极致、极点的意思，冬至就是冬藏之气到了极点。这一天太阳直射地面的位置到达一年的最南端，北半球的白昼达到最短，且越往北白昼越短。冬至以后北半球白昼渐长，但气温持续下降。

　　冬至后，进入了"数九天气"，但我国地域辽阔，各地气候景观差异较大。东北大地千里冰封，黄淮地区也常常是银装素裹。长江中下游地区这时平均气温一般在 5℃ 以上，冬作物仍继续生长，菜麦青青，一派生机。而华南沿海的平均气温则在 10℃ 以上，更是花香鸟语，满目苍翠。

　　中国古代将冬至分为三候：一候蚯蚓结，二候麋角解，三候水泉动。据说蚯蚓感受到阴气会蜷曲，感受到阳气会舒展，古人认为冬至时阳气开始产生，但阴气仍然十分强盛，土中的蚯蚓仍然蜷缩着身体。麋与鹿同科，却阴阳不同，古人认为麋的角朝后生，所以为阴，而冬至阳气始生，麋鹿感觉到阴气渐退而头上的角脱落。由于阳气初生，山中的泉水暗暗流动。

医圣张仲景和"娇耳"的故事

张仲景是东汉南阳郡人，是著名的医学家，被后人尊称为医圣，他所著的《伤寒杂病论》，被历代医者奉为经典。张仲景有句流传很广的名言："进则救世，退则救民；不能为良相，亦当为良医。"

张仲景曾被朝廷指派为长沙郡太守，除了处理政务，他仍用自己的医术，为百姓解除病痛。开始他是在处理完公务之后，在后堂或自己家中给人治病，后来由于求医的人越来越多，他干脆把诊室搬到了衙门大堂。每月初一和十五这两天，大开衙门，他坐在堂上为百姓诊治。后来人们就把坐在药铺里给人看病的医生 称为"坐堂医生"。

张仲景在长沙做官多年，他告老还乡的时候是冬天，在回家路上他看到人们因为寒冷，耳朵都冻烂了。回到家后，他研制了一个可以御寒的食疗方子，叫"祛寒娇耳汤"。

他让弟子把羊肉、辣椒和一些驱寒药材放在锅里煮，然后将羊肉、药物捞出来切碎，用面皮把它们包起来，包成耳朵的样子，再下锅用原汤煮熟。张仲景给这种治疗耳朵冻伤的面食取名叫"娇耳"。在冬至那天张仲景和弟子搭起医棚，支起大锅，熬"祛寒娇耳汤"医治冻疮。张仲景让弟子给每个穷人一碗汤，两个娇耳。人们吃了娇耳，喝了汤，浑身发暖，两耳生热，耳朵的冻伤就治好了。

后人学着娇耳的样子，做成食物，也叫"饺子"或"扁食"。冬至吃饺子，是不忘"医圣"制作"祛寒娇耳汤"的恩情。

阅读勇闯关

请将正确答案前的字母填到（　　）内。

第 43 关：

下列哪部作品是张仲景著的？（　　）

A.《神农本草经》　B.《黄帝内经》　C.《伤寒杂病论》

第 44 关：

下述哪个是冬至日的习俗？（　　）

A. 吃饺子　B. 吃刨汤　C. 吃柿子

诗歌里的节气

hán dān dōng zhì yè sī jiā

邯郸冬至夜思家

〔唐〕白居易

hán dān yì lǐ féng dōng zhì
邯郸驿里逢冬至，

bào xī dēng qián yǐng bàn shēn
抱膝灯前影伴身。

xiǎng dé jiā zhōng yè shēn zuò
想得家中夜深坐，

hái yīng shuō zhe yuǎn xíng rén
还应说着远行人。

译文：我住在邯郸驿站的时候正好是冬至节。晚上，我抱着双膝坐在灯前，只有影子与我相伴。我相信，家中的亲人今天会相聚到深夜，还应该谈论着我这个远行人。

北风行
běi fēng xíng

〔唐〕李 白

烛龙栖寒门，光耀犹旦开。

日月照之何不及此，

惟有北风号怒天上来。

燕山雪花大如席，片片吹落轩辕台。

译文：烛龙栖息在极北的地方，那里终年不见阳光，代替太阳的不过是烛龙衔烛发出的微光。日月之光为什么就照不到这里呢？只有漫天遍野的北风怒号而来。燕山的雪花大得好像竹席，一片片被北风吹落在轩辕台上。

❶ 画"九九消寒图"

从冬至开始，进入人们常说的"数九寒天"。"数九"就是从冬至当天开始数，每九天为一个"九"，数完"一九"数"二九"，一直数到"九九"。《九九歌》是这样的：一九二九不出手，三九四九冰上走，五九六九沿河看柳，七九河开，八九雁来，九九加一九，耕牛遍地走。为了度过漫长寒冷的冬天，古人发明了画"九九消寒图"的方法：首先画一幅有九朵梅花的线图，每朵梅花有九个花瓣；然后，从冬至这天起，每天给一个花瓣涂上颜色，涂完一朵梅花，就过了一个"九"，涂完九朵梅花，就冬去春来了。

② 吃饺子

冬至既是节气，也是一个节日。每年冬至这天，不论贫富，饺子是必不可少的节日饭。谚语说："十月一，冬至到，家家户户吃水饺。"这种习俗，是为纪念"医圣"张仲景冬至舍药。

③ 台湾糯糕

在台湾地区还保存着冬至用九层糕祭祖的传统。用糯米粉捏成鸡、鸭、龟、猪、牛、羊等象征吉祥的动物，然后用蒸笼蒸熟，用以祭祖。同姓同宗者于冬至前后约定之日，集到祖祠中，照长幼之序一一祭拜祖先，俗称"祭祖"。祭典之后，还会大摆宴席，招待前来祭祖的宗亲们。大家开怀畅饮，相互联络久别生疏的感情，称为"食祖"。冬至节拜祖先，在台湾一直世代相传，以示不忘自己的根。

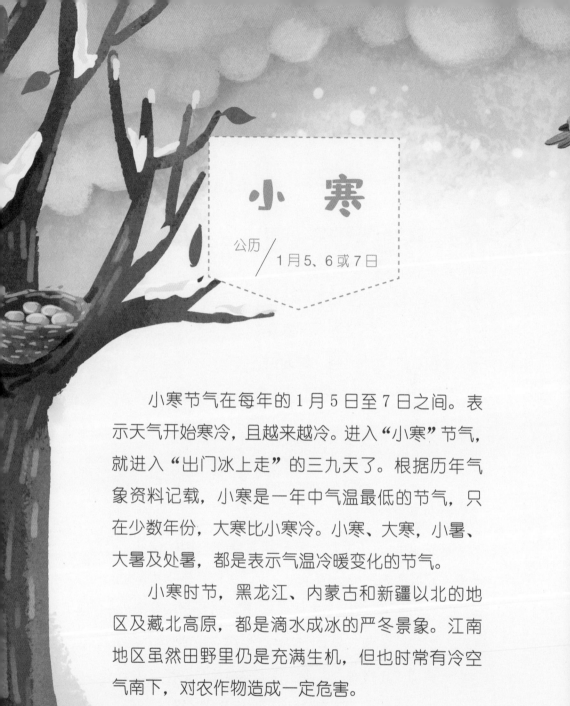

小 寒

公历 / 1月5、6或7日

　　小寒节气在每年的1月5日至7日之间。表示天气开始寒冷，且越来越冷。进入"小寒"节气，就进入"出门冰上走"的三九天了。根据历年气象资料记载，小寒是一年中气温最低的节气，只在少数年份，大寒比小寒冷。小寒、大寒，小暑、大暑及处暑，都是表示气温冷暖变化的节气。

　　小寒时节，黑龙江、内蒙古和新疆以北的地区及藏北高原，都是滴水成冰的严冬景象。江南地区虽然田野里仍是充满生机，但也时常有冷空气南下，对农作物造成一定危害。

中国古代将小寒分为三候：一候雁北乡，二候鹊始巢，三候雉始雊（gòu）。古人认为候鸟中大雁是顺阴阳而迁移的，此时阳气已经萌动，所以大雁开始准备向北迁移。此时北方到处可见到喜鹊，喜鹊感觉到阳气而开始筑巢。喜鹊筑巢要用很长时间，所以它们早早就开始动工了。"雊"是鸣叫的意思，雉在接近四九时会因感受到阳气的生长而鸣叫。

腊八粥的故事

微信扫码

很久以前，有一个四口之家，一对夫妻和两个儿子。夫妻俩非常**勤快**，一年到头干着地里的庄稼活，家里存的粮食装满大囤小囤。他们家院里还有一棵枣树，在夫妻俩的照料下，每年结出的果实能卖好多银钱。一家人的日子过得很**富裕**。

两个儿子一天天长大，老两口也老了。老两口临死的时候嘱咐哥儿俩好好种庄稼，好好**照料**枣树，攒钱存粮娶媳妇。

现在只剩下哥儿俩过日子了。哥哥看着粮囤里的粮食，对弟弟说："咱们有这么多的粮食，今年歇一年吧。"弟弟说："枣树也不当紧，反正咱们也不缺枣吃。"就这样，哥儿俩不种庄稼，不管枣树，光知道**吃喝玩乐**，没几年就把粮食吃完了，枣树结的枣也一年比一年少。

这一年到了腊月初八，家里实在没什么可吃的了，怎么办呢？哥哥找了一把小扫帚，弟弟拿来一个小簸箕，到原来盛粮食的囤底扫哇扫，从这里扫来一把黄米，从那里寻出一把红豆，就这样，**五谷杂粮**各凑一把，又搜出几枚干红枣，放到锅里一起煮了。哥儿俩吃着五谷杂粮凑合起来的粥，才记起父母临死前说的话，后悔极了。

哥儿俩败子回头，第二年就都勤快了起来，不几年就又过上了好日子。为了不忘记勤快**节俭**地过日子，每逢农历腊月初八，人们就吃用五谷杂粮混在一起熬成的粥，这就是"**腊八粥**"。

阅读勇闯关

请将正确答案前的字母填到（ ）内。

第 45 关：

每逢腊月初八，人们吃用五谷杂粮混在一起熬成的粥，
这就是（ ）

A. 杂粮粥　B. 腊八粥　C. 五谷粥

第 46 关：

下列哪句描述是小寒的三候之一？（ ）

A. 一候蚯蚓结　B. 二候天升地降　C. 三候雉始雊

诗歌里的节气

féng xuě sù fú róng shān zhǔ rén
逢 雪 宿 芙 蓉 山 主 人

〔唐〕刘长卿

rì　mù　cāng　shān　yuǎn　　　tiān　hán　bái　wū　pín
日 暮 苍 山 远 ， 天 寒 白 屋 贫 。

chái　mén　wén　quǎn　fèi　　　fēng　xuě　yè　guī　rén
柴 门 闻 犬 吠 ， 风 雪 夜 归 人 。

译文：当暮色降临远山苍茫的时候，就越发觉得路途
遥远。天气越寒冷，茅草屋显得越贫穷。柴门外忽然传来
犬吠声，原来是有人冒着风雪回到家中。

shān zhōng xuě hòu
山中雪后

〔清〕郑 燮

chén qǐ kāi mén xuě mǎn shān
晨起开门雪满山，

xuě qíng yún dàn rì guāng hán
雪晴云淡日光寒。

yán liú wèi dī méi huā dòng
檐流未滴梅花冻，

yì zhǒng qīng gū bù děng xián
一种清孤不等闲。

译文：清晨起床，打开门看到的是满山的皑皑白雪。雪后初晴，白云惨淡，连日光都变得寒冷。房檐的积雪未化，院中的梅花枝条被冰雪冻住。这样清高坚韧的性格，是多么不寻常啊！

① 念《过年歌》，迎新年

腊八节一到，家里的老人就开始念《过年歌》：小孩小孩你别馋，过了腊八就是年。腊八粥，喝几天，哩哩啦啦二十三。二十三，糖瓜粘。二十四，扫房子。二十五，做豆腐。二十六，割猪肉。二十七，杀公鸡。二十八，把面发。二十九，蒸馒头。大年三十熬一宿，大年初一扭一扭。从腊八开始，人们就开始忙碌起来，为过大年做准备。家家户户按照《过年歌》的规矩一天一天把过年的东西准备好，迎新年的热闹气氛也一天赛过一天。

② 腊八粥

小寒吃腊八粥是很多地区的传统习俗。北京的腊八粥是最讲究的，掺在白米中的东西很多，如红枣、莲子、核桃、栗子、杏仁、松仁、桂圆……不下20种。人们在腊月初七晚上就开始洗米、泡果、剥皮、去核，半夜时分开始用微火炖，直到第二天清晨才算熬好了。

在陕北高原，熬粥除了用多种米、豆之外，还得加入各种干果、豆腐和肉混合煮成。吃完以后，要将粥抹在门上、灶台上及门外树上，以驱邪避灾，迎接来年的农业大丰收。而且，腊八这天忌吃菜。如果这天吃菜的话，庄稼地里就会杂草多。

❸ 腊八面

陕西不产或者少产大米的地方，不吃腊八粥，而是吃腊八面。用各种果品、蔬菜做成臊子，在腊月初八早上全家人一起吃。

大 寒

公历 / 1 月 20 或 21 日

　　每年的 1 月 20 日至 21 日之间是大寒节气。大寒，是天气寒冷到极点的意思。在我国大部分地区，大寒不如小寒冷，但是，在某些年份和沿海少数地方，全年最低气温仍然会出现在大寒节气内。这时寒潮南下频繁，风大，低温，地面积雪不化，呈现出冰天雪地、天寒地冻的严寒景象。

　　大寒时节，中国南方大部分地区平均气温多为 6℃至 8℃，比小寒高出近 1℃。"小寒大寒，冷成一团"的谚语，说明大寒节

气也是一年中的寒冷时期。

　　中国古代将大寒分为三候：一候鸡始乳，二候征鸟厉疾，三候水泽腹坚。到了大寒节气母鸡产下鸡蛋，开始孵小鸡了。而老鹰、隼等猛禽，正处于捕食能力极强的状态中，盘旋于空中到处寻找食物，以补充身体的能量抵御严寒。在大寒节气的最后五天内，江河中的冰一直冻到水中央，且最结实、最厚，孩子们可以尽情地在河上溜冰玩耍。

祭灶神的传说

在大寒节气期间，民间有一个重要的习俗，就是祭灶神。灶神，也叫灶王爷，传说他是玉皇大帝派到人间监督人们行为的神。

人们一般在厨房的墙壁上粘贴灶王爷的画像。画像上的灶王爷慈眉善目，笑容满面，有的画像上还有灶王奶奶和他并排坐在一起。灶王爷身边有两个侍从，一个捧"善罐"，一个捧"恶罐"，随时将一家人的善恶行为记录保存在罐中。腊月二十三（北方）或二十四（南方），家家户户都要"送灶神"。

祭灶的供品一般是灶糖、汤圆、麦芽糖等，用这些东西祭灶神，目的是粘住灶王爷的嘴，不让他说话，或者让灶王爷的嘴巴变甜，汇报时多说好话。祭祀时要祝祷"好话传上天，坏话丢一边""上天言好事，下界

jiàng jí xiáng dèng
降吉祥"等。

zài shēng chǎn lì hé kē xué bù fā dá de gǔ dài bǎ zào shén
在生产力和科学不发达的古代，把灶神

zuò wéi chóng bài de duì xiàng shì kě yǐ lǐ jiě de dàn rén men zhè
作为崇拜的对象是可以理解的，但人们这

zhǒng méng hùn guò guān de zuò fǎ qí shí méi shén me hǎo chù fǎn ér shì
种蒙混过关的做法其实没什么好处，反而是

chéng shí duān zhèng de tài dù néng bāng zhù rén men huò dé xìng fú
诚实、端正的态度能帮助人们获得幸福。

阅读勇闯关

请将正确答案前的字母填到（　　）内。

第 47 关：

大寒节气期间，民间有个重要习俗，是什么？（　　）

A. 祭祀扫墓　　B. 祭灶神　　C. 祭月

第 48 关：

大寒的时间点是（　　）

A. 每年公历 1 月 20—21 日之间

B. 每年公历 1 月 20—22 日之间

C. 每年公历 1 月 21—22 日之间

méi huā
梅 花

〔宋〕王安石

qiáng jiǎo shù zhī méi
墙 角 数 枝 梅，

líng hán dú zì kāi
凌 寒 独 自 开 。

yáo zhī bú shì xuě
遥 知 不 是 雪，

wèi yǒu àn xiāng lái
为 有 暗 香 来 。

译文：墙角有几枝梅花，正冒着严寒独自开放。

为什么远看就知道是洁白的梅花而不是雪呢，那是

因为隐隐传来阵阵的香气。

大寒吟
dà hán yín

〔宋〕邵 雍

旧雪未及消，新雪又拥户。
jiù xuě wèi jí xiāo　xīn xuě yòu yōng hù

阶前冻银床，檐头冰钟乳。
jiē qián dòng yín chuáng　yán tóu bīng zhōng rǔ

清日无光辉，烈风正号怒。
qīng rì wú guāng huī　liè fēng zhèng háo nù

人口各有舌，言语不能吐。
rén kǒu gè yǒu shé　yán yǔ bù néng tǔ

译文：前些日子落的雪还没有融化，新下的大雪又封门闭户。石阶上覆盖着厚厚的白雪，就像银色的床铺一样；屋檐上垂挂着冰柱，就像倒悬的钟乳石一样。清冷的天上冬阳失去了温暖的光辉，肆虐的暴风却在狂怒地呼号。人们口中的舌头也仿佛被冻住了不能言语——怎一个"寒"字了得！

1 尾牙祭

大寒节气靠近农历年终岁尾，做尾牙也是一个重要的辞旧迎新习俗。做"牙"，是指每年农历腊月初二、十六要拜土地公，供桌上摆放各种供品，让土地公"打牙祭"。祭祀的供品有牲礼（鸡、鱼、猪三牲）、四果（四种水果，其中柑橘、苹果是一定要有的），还有春卷。尾牙，顾名思义就是一年中最后一个"牙"，在中国沿海一些地方仍保留着尾牙祭的传统。尾牙也是现代商家一年中的最后一个活动。商家会在腊月十六前后设宴招待自己的员工，犒赏一年的辛劳。白斩鸡是宴席上不可缺的一道菜。据说鸡头朝谁，就表示老板第二年要解雇谁，因此老板一般将鸡头朝向自己，以使员工们能放心地享用佳肴，回家后过个安稳年。

❷ 祭灶神

在每年腊月二十三（北方）或二十四（南方），中国各地有祭灶的习俗。以前，差不多家家的灶间都设有灶王爷神位。传说灶王爷是玉皇大帝封的"九天东厨司命灶王府君"，负责管理各家的灶火。到了腊月二十三，灶王爷便要上天向玉皇大帝禀报这家人一年的善恶行为。玉皇大帝根据灶王爷的汇报，再将这一家在新的一年中应该得到的吉凶祸福交到灶王爷手上。送灶神的仪式称为"送灶"或"辞灶"，人们供上红烛、糖瓜，以隆重的礼节送灶神上天，祈望灶神"上天言好事，下界降吉祥"。

《阅读勇闯关》参考答案

第 1 关: A   第 17 关: C   第 33 关: A

第 2 关: C   第 18 关: B   第 34 关: C

第 3 关: B   第 19 关: C   第 35 关: A

第 4 关: C   第 20 关: B   第 36 关: B

第 5 关: A   第 21 关: A   第 37 关: C

第 6 关: C   第 22 关: C   第 38 关: B

第 7 关: A   第 23 关: B   第 39 关: B

第 8 关: C   第 24 关: C   第 40 关: A

第 9 关: B   第 25 关: C   第 41 关: C

第 10 关: A   第 26 关: A   第 42 关: B

第 11 关: B   第 27 关: C   第 43 关: C

第 12 关: C   第 28 关: A   第 44 关: A

第 13 关: B   第 29 关: B   第 45 关: B

第 14 关: C   第 30 关: C   第 46 关: C

第 15 关: A   第 31 关: B   第 47 关: B

第 16 关: A   第 32 关: C   第 48 关: A